Manran Guesmi

La démarche de Conception d'une benne tasseuse des ordures ménagères

Mahran Guesmi

La démarche de Conception d'une benne tasseuse des ordures ménagères

La gestion des différents éléments du projet d'ingénierie mécanique cas d'une machine volumineuse

Éditions universitaires européennes

Impressum / Mentions légales

Bibliografische Information der Deutschen Nationalbibliothek: Die Deutsche Nationalbibliothek verzeichnet diese Publikation in der Deutschen Nationalbibliografie; detaillierte bibliografische Daten sind im Internet über http://dnb.d-nb.de abrufbar.

Information bibliographique publiée par la Deutsche Nationalbibliothek: La Deutsche Nationalbibliothek inscrit cette publication à la Deutsche Nationalbibliografie; des données bibliographiques détaillées sont disponibles sur internet à l'adresse http://dnb.d-nb.de.

Coverbild / Photo de couverture: www.ingimage.com

Verlag / Editeur:
Éditions universitaires européennes
ist ein Imprint der / est une marque déposée de
OmniScriptum GmbH & Co. KG
Heinrich-Böcking-Str. 6-8, 66121 Saarbrücken, Deutschland / Allemagne
Email: info@editions-ue.com

Herstellung: siehe letzte Seite /
Impression: voir la dernière page
ISBN: 978-3-8417-8931-0

Table des matières

Introduction générale

Aujourd'hui les objectifs techniques et économiques des industries de tous les secteurs vont dans le sens de la réduction des coûts, de l'amélioration des performances et de la productivité tel est le cas des entreprises industrielles, spécialisée dans la conception et la fabrication des mécanismes de collecte des déchets.

Le but de ce projet est la participation de la recherche, les études et le développement de l'industrie tunisienne touchant le domaine de l'environnement et la santé vu la demande progressive des mécanismes des bennes tasseuses en Tunisie ainsi qu'à l'exportation vers l'Europe, les pays magrébins et africains ainsi que les pays du Golfe en suivant les bases de données concernant les études de marché internationales.

Le présent rapport comporte le travail réalisé afin d'étudier et de concevoir un mécanisme de chargement et de compactage des ordures ménagères. La conception doit tenir compte plusieurs paramètres tels que la capacité en m³ du Caisson, ainsi les matériaux utilisées dans les différents patries de mécanismes, et aussi équipé avec un système d'asservissement hydraulique robuste.

Il est donc organisé comme suit :

- ✓ Un premier chapitre qui s'intéresse à l'étude bibliographique portant sur les bennes tasseuses ainsi qu'une description détaillée des différents constituants des mécanismes de chargement et de compactage.
- ✓ Un deuxième chapitre où nous allons présenter l'analyse fonctionnelle de notre mécanisme, la proposition des solutions envisageables et enfin l'établissement d'un choix final de la solution retenue.

✓ Un troisième chapitre portera sur l'étude du mécanisme et de la structure ainsi que les résultats des simulations numériques des contraintes, des déformations et les coefficients de sécurités obtenues après l'imposition des efforts.

✓ Dans le quatrième chapitre, nous allons intéresser à l'étude du circuit hydraulique du mécanisme et le dimensionnement des constituants principaux.

Problématique

La collecte et le transport mécanique des ordures ménagères et des déchets volumineux posent un problème pour les ouvriers à cause de leurs poids importants et de leurs formes compliqués.

Pour ce but, nous sommes invités à concevoir un mécanisme de chargement et de compactage d'une benne tasseuse pour un camion de type porteur selon un cahier de charge proposé.

Cette benne tasseuse doit transporter la matière selon sa capacité maximale le plus aisément possible et vise à aider les ouvriers à achever toutes ses opérations sans dissipation d'énergie ou de temps et l'objectif de projet est de concevoir un système sécurisé donc sans risques à prendre.

Pour répondre à cet objectif, nous allons présenter une solution qui permet à concevoir une benne tasseuse pour la collecte des déchets en tenir compte les critères suivants un coût minimum et l'utilisation des pièces existants.

Etude Bibliographique

I. Introduction

Une benne tasseuse ou camion-poubelle est un véhicule spécifiquement conçu pour la collecte et le transport mécanique des ordures ménagères et des déchets volumineux. Il s'agit d'un des principaux outils modernes au service de la collecte et du ramassage des déchets.

Elle permet de charger rapidement, puis de libérer dans une décharge ou un lieu d'incinération, toutes sortes d'ordures et de déchets. Ce camion peut servir pendant longtemps et être nettoyé tous les jours sans se détériorer. Les bennes tasseuses sont souvent équipées d'un rotor broyeur qui fragmente et compresse les ordures. C'est un objet essentiel à l'hygiène des villes.

II. Histoire

Antérieurement à l'invention de l'automobile, « l'ancêtre » des bennes tasseuse consistait en un tombereau une caisse montée sur roues dont le déchargement s'effectuait par l'arrière et dont le nom provenait du verbe « tomber » au sens ancien de « basculer » tiré par des chevaux. L'engin disposait d'un couvercle pivotant selon un axe longitudinal afin de permettre aux éboueurs de le charger par le côté gauche ou le côté droit.

D'autres véhicules plus rustiques encore également hippomobiles servaient à récupérer des matériaux recyclables : papiers, peaux de lapin, ferrailles, bois, etc.

Il faudra attendre l'invention du tout-à-l'égout pour que se généralisent, dans les villes, des camions citernes équipés d'une pompe. Ces derniers auront alors pour objet de vider « automatiquement » les fosses d'aisance plutôt que de laisser ce travail à des travailleurs manuels qui intervenaient pendant la nuit.

III. Différents types de bennes tasseuses

1. Camion avec bras assisté pour la collecte d'ordures ménagères

L'utilisation du camion avec bras assisté semble donc actuellement la réponse idéale pour éviter l'exposition aux bio aérosols. Dans ce type de collecte en effet, l'opérateur-chauffeur-éboueur (qui travaille seul) n'est, en principe, plus en contact avec les déchets des poubelles et de la benne du camion, puisque son travail consiste uniquement à commander le bras depuis la cabine. L'exposition aux bio aérosols et aux objets dangereux semble éliminée, en théorie du moins risques d'accidents et de problèmes musculo-squelettiques chez les éboueurs. [3]

Figure 1: *Camion avec bras assisté*

1.1 Les avantages de cette technologie

La technologie du camion à bras assisté C'est tout aussi rapide que les moyens de collecte traditionnels, les travailleurs sont moins épuisés, cela diminue les concentrations de contaminants biologiques, et finalement, réduit considérablement les risques par contact direct avec les produits lorsque ceux-ci sont confinés dans des bacs roulants.

1.2 Accessoires

✓ Un panneau broyeur qui empêche le matériel de se coincer dans la trémie afin d'éviter que le travailleur, en tentant de le dégager, ne risque d'être écrasé par le compacteur ;

✓ Un système à trois ou à quatre caméras qui procure une vision à 360°, incluant une caméra à l'arrière et une autre dans la trémie ;

✓ Un détecteur de présence humaine ou de maintien d'une distance sécuritaire lorsque le bras est en opération ;

✓ Un bras de couleur voyante ou réfléchissante ;

✓ Un système automatique d'huilage de la pince du bras automatisé.

2. Benne d'enlèvement et de compactage à chargement arrière

La conception de cette benne d'enlèvement et de compactage à chargement arrière Ros Roca Cross permet d'obtenir d'excellents résultats de rentabilité, fiabilité, sécurité, écologie et compactage en offrant toutes les prestations actuellement exigées par les services de collecte des déchets. La faible hauteur de la bordure de chargement permet un chargement manuel au moindre effort. [4]

Figure 2: *Benne à chargement arrière*

1.1. Caractéristiques principales

✓ Capacité : de 7 à 23 m3

✓ Parois latérales et couvercle lisses.

✓ Benne à grande capacité fabriquée en tôle anti-usure très résistante.

✓ Puissance de compactage 25 Tm.

✓ Cylindre éjecteur à double effet.

✓ Plaque éjectrice avec guidage central par patins.

✓ Possibilité de montage de divers types d'élévateurs.

✓ Certifications conformes aux directives européennes en vigueur concernant la sécurité des machines.

✓ Certification d'émissions acoustiques conforme à la directive 2000/14/CE

3. Benne à ordures ménagères a chargement latéral

C'est une technologie automatisée innovatrice pour la collecte des déchets de ménage rentable. Le SIDEPRESS est la solution idéale pour les ronds suburbains et ruraux. L'opération individuelle, directement de la cabine, retirera rapidement les avantages financiers, avec une productivité plus élevée de véhicule.

Le SIDEPRESS fournit au conducteur un lieu de travail ergonomique. Grâce à la commande de manche de la cabine il n'entre pas en contact direct avec les déchets ou les bactéries. Au lieu du travail physique lourd, souvent dans la grande proximité au trafic occupé, le SIDEPRESS offre un lieu de travail sûr, ergonomique, hygiénique qui est protégé contre les éléments.

Avec le ménage de SIDEPRESS la perte de tous les types peut être rassemblée dans des récipients s'étendant de 60 à sur option 1.100 litres, et le SIDEPRESS ne traîne pas. La « cuvette de collection » sur option disponible permet également la disposition commode des sacs à ordures. [5]

Figure 3: *Benne à chargement latéral*

4. Benne à ordures ménagères à chargement frontal

La plus grande capacité, sûreté et fiabilité sont juste trois des dispositifs de cette benne. Le FRONTPRESS, un véhicule actionné par une seule personne, fournit un lieu de travail sûr et confortable car le conducteur est toujours bien protégé contre le contact avec des ordures. Cette benne ne nécessite aucun travail physique qui implique le soulèvement des récipients car les bras de collecte puissants saisissent le récipient exactement et sans effort. Utilisant un manche, le conducteur commande l'approche et les procédures de vidange avec la grande facilité de la cabine. Le conducteur est protégé contre les dommages que peut causer le levage des récipients tout en appréciant une vue meilleur de la situation de levage.

Figure 4: *Benne à chargement frontal*

IV.   Domaines d'applications

Les bennes tasseuses sont grandement utilisées pour transporter les ordures ménagères, commerciales, industrielles, domestiques. ….

Elles se distinguent par leurs fonctions de compactage des ordures. Cela augmente sensiblement leurs capacités de transport.

V.   Les composants standards d'une benne classique

1. Réservoir de récupération des jus coulissant

Le caisson est relié au châssis du véhicule par cinq plaques boulonnées de chaque côté. Un réservoir galvanisé de récupération des jus d'une contenance coulisse dans le faux châssis et permet en cas de besoin, le démontage pour l'entretien. La vidange du réservoir s'effectue par une vanne guillotine de 4 pouces actionnée par un vérin pneumatique commandé depuis la cabine par le chauffeur.

2. Porte arrière de chargement

Elle est réalisée et assemblée en soudure continue semi-automatique composant ainsi un ensemble mécano-soudé monobloc étanche dont les éléments principaux sont les suivants :

- ✓ Une ossature habillé de tôle acier dans sa partie fonctionnelle ;
- ✓ Des renforts en tôle acier sur les flancs de virole ;
- ✓ Afin de permettre le vidage des ordures en décharge, la porte arrière est articulée sur la partie haute du caisson et actionnée par deux vérins hydrauliques doubles effets sécurisés par des valves antichute pilotées pour l'ouverture et la fermeture.
- ✓ Lors de la fermeture de la porte arrière, celle ci est bloquée en sa partie inférieure, par deux autres vérins hydrauliques double effets de verrouillage qui permettent de garantir l'étanchéité par une compression efficace du joint caoutchouc à section triangulaire prévu à cet effet sur le caisson au niveau du plan de jonction.
- ✓ Le transfert des ordures de la porte arrière dans le caisson de stockage est réalisé par la pelle de compactage commandée hydrauliquement.
- ✓ La pelle de compactage coulisse dans la porte arrière sur un guide droit pour glissières suivant un chemin rectiligne.

3. Pelle d'expulsion pour déchargement des ordures

Une seule manette agissant sur le distributeur hydraulique permet de relever la porte arrière et de mettre en mouvement la pelle d'expulsion actionnée par un vérin télescopique chromé.

4. Circuit hydraulique

Le circuit hydraulique comprend une pompe hydraulique entraînée directement à la sortie de la boite à vitesse.

5. Accessoire de Série

✓ Deux phares giratoires à lumière jaune placés à l'arrière et à l'avant du véhicule.

✓ Un phare de travail sur la trémie arrière.

✓ Un traitement des tôles par phosphatage et chromate de zinc avant peinture au choix du   client.

6. Relève Conteneurs

✓ Cet appareil permet de prendre tous les bacs de 120 Litres à 1100 Litres par prises latérales, frontales, ou latérales et frontales.

✓ Normes : DIN et AFNOR.

✓ Deux vérins hydrauliques permettent le relevage et le basculement des bacs pour vidage.

✓ La vitesse de levage et descente des bacs se règle par limiteur de débit manuel.

VI.   Quelques bons motifs pour choisir une benne tasseuse

1. Universelle

Elle peut être utilisée pour tous les déchets encombrants, en sac, en conteneurs ou en vrac.

Elle lève conteneur pour tous conteneurs de 120 litres jusqu'à 1100 litres.

2. Economique

✓ Les coûts d'entretien sont très réduits étant donné le principe du mécanisme de compactage.

✓ Entretien facile.

✓ Remplacement facile des pièces.

✓ Construction simple et robuste.

✓ Construction moderne : parois lisse, sans renfort,   soudures semi-automatique en continu afin d'éviter la rouille et assure une étanchéité parfaite du caisson.

✓ Verrouillage de la trémie avec 2 vérins hydrauliques qui permettent de garantir l'étanchéité par une compression efficace du joint en caoutchouc prévu à cet effet sur le caisson au niveau du plan de jonction Service.

✓ Relève conteneurs pour les bacs de 120 à 1100 litre.

VII.   Conclusion

Nous pouvons remarquer que la collecte et le transport mécanique des ordures ménagères et des déchets volumineux nécessite la présence d'un mécanisme de benne tasseuse. Nous devons alors trouver une solution fiable qui aide l'ouvrier à exercer toutes ses opérations sans dissipation d'énergie, de temps et sans risques à prendre.

Dans le chapitre suivant, nous allons présenter une analyse fonctionnelle suivie de l'étude des solutions proposées et nous allons terminer par le choix de la solution adopté.

Analyse fonctionnelle et choix de solution

I. Introduction

Avant de commencer toute étude de conception, il est nécessaire d'établir une analyse fonctionnelle qui aura pour but de placer la solution recherchée dans un environnement de travail. On définira ainsi son utilité, les services qu'elle doit rendre, les performances recherchés ainsi que les contraintes aux quelles elle sera soumise.

II. Objectif

L'analyse fonctionnelle des besoins nous permettra de remonter aux besoins des clients, en exprimant les services spécifiés par leurs critères d'appréciation (caractéristiques demandées et performances attendues). Elle conduit à l'établissement du cahier de charges fonctionnel (CDCF).

III. Modélisation du système

La modélisation du système revient à lui donner une représentation symbolique simplifiée, cette représentation nous permet en évidence de :

- La fonction globale de système.
- La matière d'œuvre entrante.
- La matière d'œuvre sortante.
- Les contraintes d'activités.

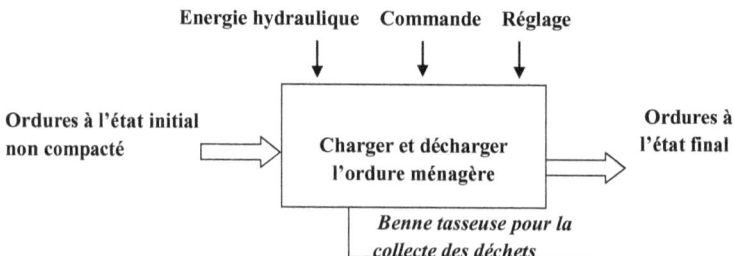

Figure 5: *Modélisation du système*

IV. Analyse fonctionnelle descendante

Ce type d'analyse permet de modéliser et de décrire graphiquement le système. On procède par analyses successives descendantes, c'est-à-dire en allant du plus générale vers le plus détaillé en fonction des besoins. Pour arriver à créer un dossier technique d'avant projet, on doit procéder de la manière suivante : Etudier puis concevoir. [6]

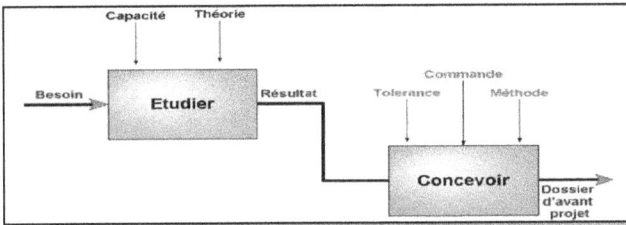

Figure 6: *Analyse fonctionnelle descendante*

V. Analyse de besoin

Le système de chargement et de compactage d'ordures ménagères vient à la suite d'un besoin à satisfaire. Pour que le produit permet de satisfaire le souhait de l'utilisateur, le besoin doit être parfaitement définit au préalable.

1. Saisie de besoin

On peut dire que le système de chargement et de compactage d'ordures ménagères est efficace s'il satisfait le besoin attendu, d'où il est nécessaire de saisir le besoin qu'il peut fournir.

2. Enoncé du besoin

Il est primordial d'encadrer avec rigueur notre étude avant de commencer la recherche de solution en se posant les trois questions suivantes :

* A qui (à quoi) le convoyeur rend-il service ?
* Sur qui (sur quoi) agit-il ?

- dans quel but ?
- Découverte (saisie) du besoin : (Bête à corne)

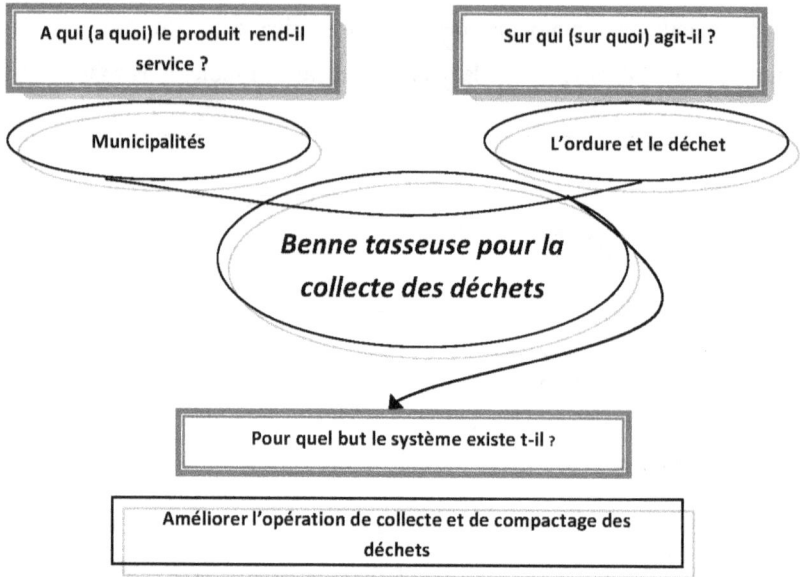

| A qui (a quoi) le produit rend-il service ? | Sur qui (sur quoi) agit-il ? |

Municipalités   L'ordure et le déchet

Benne tasseuse pour la collecte des déchets

Pour quel but le système existe t-il ?

Améliorer l'opération de collecte et de compactage des déchets

Figure 7: *Bête à corne*

VI. Concepts à développer

Le système benne tasseuse de chargement et de compactage d'ordures ménagères doit être un système mécanique, simple, fiable et facile à manipuler. Ce système doit permettre le chargement et le compactage des ordures vers la benne.

VII. Exigences à satisfaire

- ✓ Démontage et remontage faciles (pour nettoyage, réparation).
- ✓ Robustesse (fort et résistant) et fiabilité
- ✓ Utilisation facile (Mise en marche, commande et contrôle).

VIII. Recherche de milieu extérieur et recensement des fonctions de services

1. **Recenser les fonctions de services**

Un produit est crée pour répondre à un besoin exprimé par l'utilisateur il est soumis aux conditions imposées par les milieux physiques, humaines, économiques et techniques en relations avec celui-ci pendant un cycle de vie. (Matière d'œuvre, énergie, utilisateur, atmosphère…).

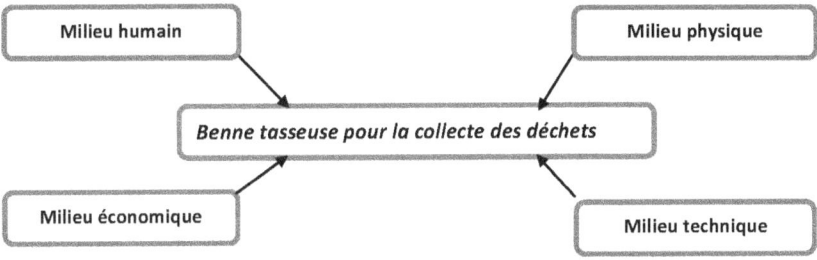

Figure 8: *Recensement des fonctions de services*

Le recensement nécessaire à la définition d'une frontière entre le produit et son environnement. Pour cela, il faut établir les relations existantes entre le produit et son milieu environnant. Les fonctions des services sont classées selon leur importance :

FP : fonction principale.   **FC** : fonction complémentaire.

3. Diagramme de « PIEUVRE » du milieu environnement du Benne tasseuse

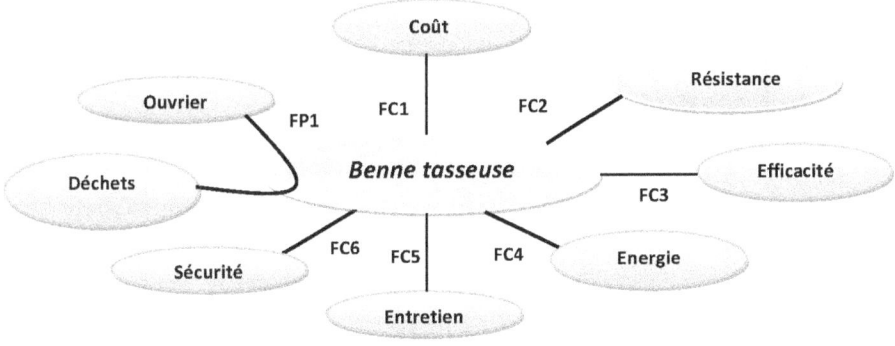

Figure 9: *Diagramme de pieuvre*

3. Identification des fonctions de service

FP : Permettre à l'utilisateur de compacter les déchets

FC1 : Etre moins coûteux.

FC2 : Résister au poids de la matière transportée.

FC3 : Etre efficace lors de l'utilisation.

FC4 : s'adapter à l'énergie utilisée.

FC5 : Etre Facile à entretenir.

FC6 : Assurer la sécurité.

IX. Hiérarchisation des fonctions de services

Cette opération juge et classe les fonctions de service selon leurs importances relatives et d'attribuer à chaque fois une note de supériorité allant du 0 à 3.

0 : Pas de supériorité.   1 : Légèrement supérieur.

2 : Moyennement supérieur.   3 : Nettement supérieur.

1. Tri croisé

FP1	FC1	FC2	FC3	FC4	FC5	FC6	POINTS	%
FP1	FP1 (2)	FP1 (2)	FP1 (2)	FP1 (1)	FP1 (2)	FP1 (2)	11	50
	FC1	FC2 (1)	FC3 (1)	FC4 (3)	FC5 (2)	FC1 (2)	2	9.09
		FC2	FC2 (1)	FC4 (2)	FC5 (1)	FC2 (1)	2	9.09
			FC3	FC4 (1)	FC3 (1)	FC3 (2)	3	13.63
				FC4	FC4 (1)	FC4 (2)	3	13.63
					FC5	FC5 (1)	1	4.54
						FC6	0	0
							22	100

Tableau 1: *Tri croisé*

2. Etablissement de l'Histogramme des fonctions

Ca consiste à tracer un diagramme en bâtonnets représentant en pourcentage les notes attribuées à chaque fonction par ordre décroissant. L'histogramme permet de faire apparaître les fonctions de service, par ordre d'importance, souhaitées par l'utilisateur.

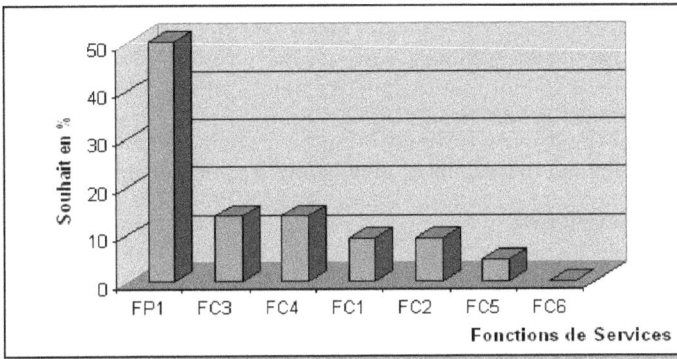

Figure 10: *Histogramme de fonction de services*

X. Cahier de charge fonctionnelle

1. Définition

Le cahier de charge fonctionnelle est un document par lequel le demandeur exprime son besoin en termes de fonctions de service.

2. Besoin

L'usine a réfléchit pour intégrer un système de chargement et de compactage d'ordures ménagères compacter les déchets le plus aisément possible.

3. Analyse Fonctionnelle Technique (AFT)

3.1 Objectif de l'analyse fonctionnel technique

L'AFT a pour objectif de trouver la manière selon laquelle le produit satisfait le cahier des charges fonctionnel en mettant en évidence les relations qui existent entre les différents constituants, les quelles permettent de réaliser les fonctions techniques nécessaires pour la réalisation des fonctions de service.

Il s'agit donc de choisir les solutions qui permettent d'atteindre les performances attendues.

L 'A.F.T comprend les étapes suivantes :

> Recherche des solutions.

> Etude des solutions.

> Evaluation des solutions (évaluation technico-économique et évaluation de la fiabilité).

3.2. Recherche des solutions pour le type des mécanismes d'une benne tasseuse

3.2.1. Première solution

Cette première solution consiste dans un premier lieu à un chargement de déchet dans un bac (en bleu). Dans un deuxième lieu, la porte (en rouge) s'ouvre au même temps que le bac monte. Cette opération est effectuée grâce à un vérin hydraulique (en marron).

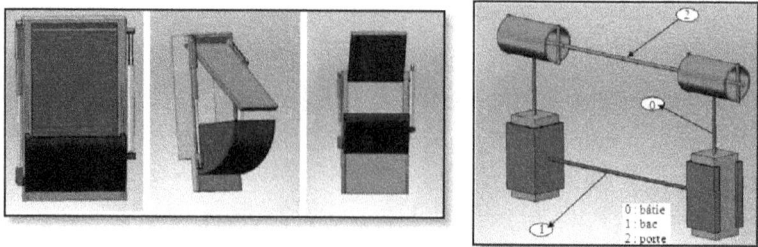

Figure 11: *Conception et schéma cinématique de la solution 1*

3.2.2. Deuxième solution

Le deuxième mécanisme qu'on a conçu en tant que deuxième solution présente la fonctionnalité particulière de collecte de déchets avec un système de chargement et de déchargement des déchets.

En effet, après avoir remplis la poubelle (en bleu), ce dernier monte au niveau de la benne par un basculeur afin d'être renversé au sein du bac intérieur fixe. Une fois ce bac est rempli, la pelle descend grâce aux vérins hydrauliques et fait collecter les déchets et les faire compacter au sein du caisson. Puis si la benne est pleine des déchets, on le décharge par un bouclier.

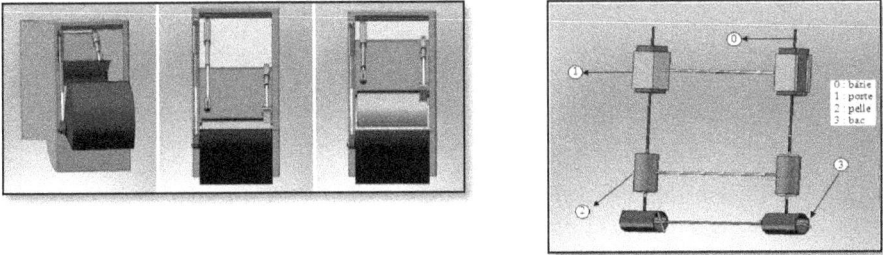

Figure 12: *Conception et schéma cinématique de la solution 2*

3.2.3. Troisième solution

Cette solution est une benne à chargement latéral, qui sert ramassage de la plupart des déchets et ordures par chargement de benne latérale en ramassage des ordures à proximité des habitations. Les bennes latérales authentiques qui sont commandées intégralement sur le poste du conducteur et les bennes latérales nécessitant la manutention manuelle des contenants et la commande manuelle de l'élévateur.

L'élévateur est installé à l'arrière de la cabine du conducteur ; il est fait d'un bras télescopique d'au moins deux mètres de déploiement et du mécanisme de déversement, par exemple pince, peigne, etc. Le degré d'automatisation de l'élévateur est variable. D'une manière générale, on utilise les bennes latérales dans les zones de faible densité de conteneurs déposés en bordure de la chaussée

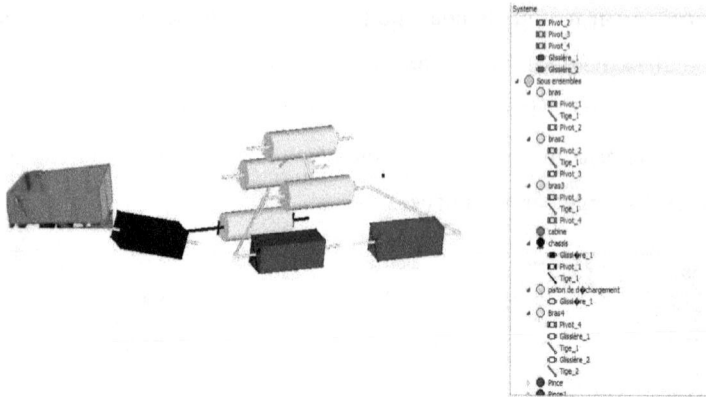

Figure 13: *Conception et schéma cinématique de la solution 3*

2.3.   Etude Critique des solutions proposées

Solution	Avantages	Inconvénients
S1 :	-fonctionnement simple -mécanisme non couteux -sécurité garantit -stable	-pas de mécanisme de compactage -conçue pour un chargement limité de déchets -demande un travail supplémentaire de l'operateur (levage)
S2 :	-Support d'une charge importante. -Gain de temps de travail. -Utilisation facile. -Robustesse garantie du mécanisme	-Coûteux. -Discontinuité des opérations de montage et de démontage

	-Le chargement est bien assuré - La facilite de maintien et d'utilisation à travers le système de commande hydraulique -Grande capacité de chargement par le compactage des déchets.	-Au moins deux personnes pour la manutention.
S 3 :	-Affectation en fonction des nécessités (ramassage et transport sur de courtes distances). -Equipage réduit à une seule personne. -Côté esthétique plus qu'acceptable -La facilite de maintien et d'utilisation à travers le système de commande hydraulique	-Coûteux -La benne latérale n'est pas adaptée pour tous les types de déchets des ménages ; dans la plupart des cas, elle n'accepte que les conteneurs sur 2 roues. -fonctionnement complexe -Les conteneurs doivent être placés correctement en bordure de la chaussée.

Tableau 2: *Etude critique des solutions proposées*

XI. Choix de la solution

1. Critères de Choix

Nous avons mené une enquête auprès des techniciens et des ouvriers de l'atelier de mécanique. Ils ont rependus à un questionnaire que nous avons préparé. Leurs réponses, intégrés en annexes, nous a permit de choisir les critères de sélections suivants :

1. C1 : Résistance.
2. C2 : Facilité de la manipulation.
3. C3 : Sécurité.
4. C4 : Coût.
5. C5 : Stabilité.

Note	Intérêt de la solution
1	Douteuse
2	Moyenne
3	Bien adaptée

Tableau 3: *Choix des critères*

2. Valorisation par critère

Pour chaque solution, nous avons attribué à chaque critère une note qui varie de 1 à 3 comme indique le tableau suivant :

	S1	S2	S3
C1	1	2	2
C2	1	3	2
C3	3	3	2
C4	2	1	1
C5	3	3	3

Tableau 4: *Valorisation par critère*

3. Valorisation globale

L'importance de la fonction de service dépend de l'utilisateur. Pour cette raison, nous avons associé à chaque critère une pondération.

En adaptant à chaque critère un coefficient de pondération K compris entre 1 et 5 ; nous pouvons obtenir0 une note pour chaque solution. [16]

$$N_{Si} = \sum_{j=1}^{j=p} N_j * K_j$$

Avec :

NSi : note pour la solution Si ;   **j :** nombre de critères ;

Nj: coefficient de pondération ;   **Kj :** coefficient de pondération affecté à chaque critère.

K	Importance de la fonction de service
1	Utile
2	Nécessaire
3	Importante
4	Très importante
5	vitale

Tableau 5: *Valorisation globale*

4. Analyse des résultats

Selon l'importance de chaque critère, nous avons affecté à (C1) la pondération la plus élevée (5 points) et à (C2), (C3) et (C5), ayant la même importance, une pondération moyenne (4 points) et nous avons valorisé le critère (C4) par une faible pondération (3points).à partir du tableau de valorisation par critère nous pouvons dresser le tableau de la valorisation globale suivant :

Critère	K_j	S1		S2		S3	
		N_1	N_{S1}	N_2	N_{S2}	N_3	N_{S3}
C1	5	1	5	2	10	2	10
C2	4	1	4	3	12	2	8
C3	5	3	15	3	15	2	10
C4	3	2	6	1	3	1	3
C5	4	3	12	3	12	3	12
Total			42		52		43

Tableau 6: *Analyse des résultats de la valorisation globale*

D'après les résultats précédents, la solution S2 est globalement la plus intéressante. En effet, elle possède la note la plus élevée par rapport aux autres solutions S1 et S3.
➔ C'est la solution (S2) qu'il faut retenir.

XII. Conclusion

Au cours de ce chapitre, on a étudié trois solutions qui satisfassent les besoins annoncées précédemment. On a choisi une qui nous assemble la plus efficace. Dans la suite, on s'intéresse au dimensionnement de la solution choisie.

Etude du mécanisme et de la structure

I.   Introduction

La solution technologique à étudier doit assurer certains critères indispensables à la réalisation du projet en rapport direct avec l'étude du mécanisme et le calcul de résistance de matériaux. Une fois la solution est développée, on passera à une étude statique sur le logiciel SolidWorks afin de déterminer   les contraintes et les déplacements après la sollicitation. Ce chapitre renfermera donc une étude détaillée de la solution proposée et son développement.

II.   Présentation du mécanisme

Notre mécanisme est conçu selon une approche technique développée et différente des conceptions existantes dans le marché des bennes tasseuses. Elle est élaborée de manière à accroitre les performances de la structure grâce à la simulation numérique ainsi qu'au calcul théorique du mécanisme et de sa résistance.

1. Vue d'ensemble du mécanisme

Notre benne tasseuse comme présentée dans la vue éclatée ci-dessous, est composée d'un :

✓ système basculeur à bras de levage de poubelle
✓ système de chargement des déchets dans le caisson de benne (pelle, couvercle)
✓ le caisson de benne
✓ bouclier de déchargement des déchets

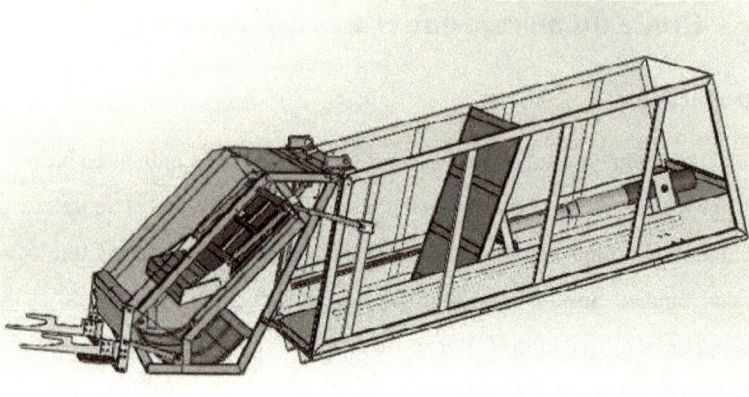

Figure 14: *Vue d'ensemble du mécanisme*

2. Description général du fonctionnement du mécanisme

Le mécanisme se compose de quatre sous systèmes qui interagissent entre eux pour former le système basculeur à bras de levage, mécanisme de compression des ordures et chargements des déchets dans la benne, un bouclier pour déchargement des ordures.

III. Etude du mécanisme

Dans un mécanisme isostatique, les actions exercées dans chaque liaison sont entièrement connues. Il en résulte l'assurance que les surfaces de liaison sont bien en contact, une évaluation correcte des efforts de pression. La position relative des liaisons n'a pas besoin d'être aussi précise que lorsque le mécanisme est hyperstatique, d'où une plus grande facilité de fabrication. Nous allons donc chercher, par la théorie des mécanismes le degré d'hyper-statisme.

1. Théorie des mécanismes

1.1. Méthode directe

Cette méthode est applicable à tous les mécanismes, qu'ils se situent dans le plan ou dans l'espace. Elle consiste à isoler les pièces ou sous-ensembles de pièces qui constituent le mécanisme, et à applique les lois de la statique, et ainsi obtenir un certain nombre d'équations indépendantes : On appelle p le nombre de pièces d'un mécanisme, y compris le carter. Dans l'espace, on obtiendra au maximum $6\,(p-1)$ équations indépendantes. Dans le plan, on obtiendra au maximum $3\,(p-1)$ équations indépendantes. Nous appellerons Ne le nombre total d'équations, et Ns le nombre total d'inconnues statiques. On obtient la relation suivante :

$$\boxed{h = Ns - Ne}$$; h est appelé degré d'hyperstatisme du mécanisme.

1.2. Méthode de la loi globale

Cette méthode ne peut pas être appliquée aux mécanismes dits "plans". Elle est cependant plus rapide en ce qui concerne les mécanismes dans l'espace.

La théorie des mécanismes établit une relation entre :

• **Ns :** nombre total d'inconnues statiques dans le mécanisme.

Pour chaque liaison : li représente les degrés de liberté de la liaison.

Le nombre d'inconnues statiques ns de la liaison est donc : $ns = (6 - li)$

$Ns = \sum ns$

• **M :** mobilité du mécanisme. $M = mu + mi$

• **mu :** degré de mobilité utile du mécanisme.

En général, un organe de transmission de mouvement possède un degré de mobilité utile : à un mouvement d'entrée correspond un mouvement de sortie.

• **mi :** degré de mobilité interne :

Dans un mécanisme, une pièce peut avoir une mobilité qui sur le plan du fonctionnement n'a aucune conséquence, mais qui en ce qui concerne la construction du mécanisme est souvent intéressante.

- **p** : nombre de pièces du mécanisme.

- **h** : degré d'hyperstatisme du mécanisme.

La loi globale des mobilités s'écrit :

$$\boxed{h = m + Ns - 6\ (p\text{-}1)}$$

- ✓ Si h = 0, le système est isostatique.
- ✓ Si h > 0, le système est dit hyperstatique d'ordre h.

1.3. Réduction de l'hyperstatisme d'un mécanisme

1.3.1. Choix des liaisons

Nous avons vu que le choix des liaisons détermine le degré d'hyperstatisme du mécanisme. Afin de rendre le système isostatique, il est souvent possible de modifier les liaisons en ajoutant par exemple des mobilités internes.

1.3.2. Conditions fonctionnelles géométriques

Lorsque on ne peut ou ne souhaite pas modifier la nature des liaisons, on impose à la construction du mécanisme des conditions géométriques fonctionnelles, qui sont autant de contraintes à la fabrication. Chaque condition supprime un ou plusieurs degrés d'hyperstatisme.

2. Schéma cinématique

Dans la figure ci-dessous, on a présenté le schéma cinématique correspondant à notre mécanisme.

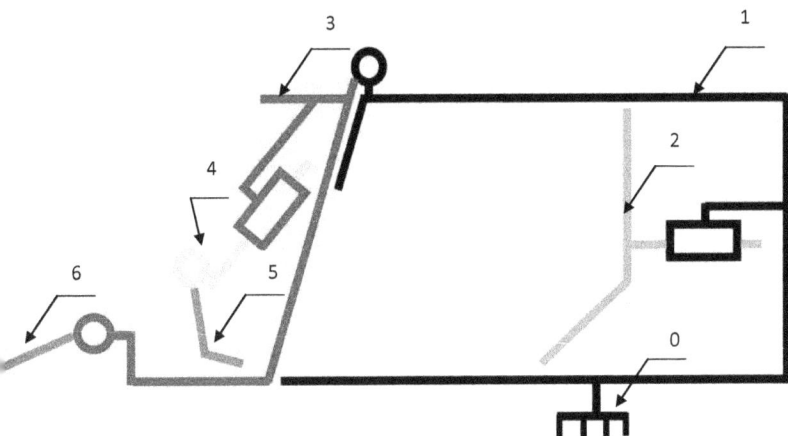

0 : châssis 1 : caisson 2 : bouclier 3 : couvercle arrière 4 : mécanisme de compression des ordures 5 : Pelle 6 : basculeur à bras de levage

Figure 15: *Schéma cinématique du mécanisme*

2.1. Graphe de liaison

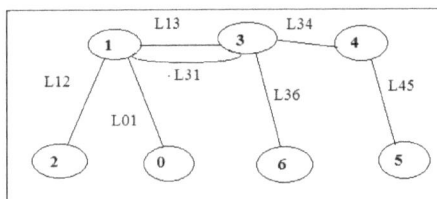

3.2. Bilan de liaison

L_{01} : encastrement d'axe (o,y) L_{12} : glissière d'axe (o,x) L_{13} : pivot d'axe (o,z)

L_{13} : appui plan L_{34} : glissière L_{45} : pivot d'axe (o,z)

L_{36} : pivot d'axe (o,z)

3.3. Calcul de mécanisme

- ✓ Ns=3x5 + 2x5 + 1x6+1x3= 34
- ✓ Degré de mobilité m=5 (4 paires des vérins hydrauliques double effets et un vérin hydraulique télescopique)
- ✓ Nombre de pièce : p = 7

Loi globale de mobilité :

$h = m + Ns - 6(p-1)$

$= 5 + 34 - (6x6)$; $h = 3$

2.4. Conclusion

Le système est hyperstatique de degré h= 3, il faut Proposer des solutions technologiques pour supprimer ou limiter les 3 degrés d'hyperstatismes. La gestion de l'hyperstatisme est réalisé par :

- ✓ L'utilisation de 2 cornières soudées au niveau du caisson pour le guidage en translation du bouclier qui est assuré par le vérin télescopique.
- ✓ L'utilisation de 2 rainures pour le mouvement de translation du couvercle qui est assuré par 2 vérins hydraulique double effets.
- ✓ On isole le sous système {basculeur à bras de levage, tige de vérin, tube de vérin, trémie}

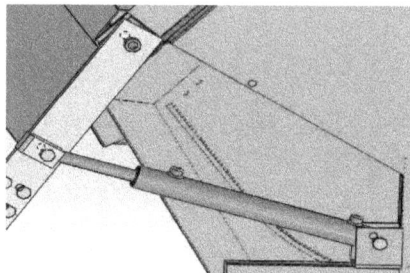

Figure 16: *Basculeur à bras de levage, vérin et trémie*

D'après le bilan des liaisons On a 2 liaisons pivot, une liaison rotule et pivot glissant et m=1 (rotation de basculeur à bras de levage sans le déplacement du tube de vérin), donc on a :   Ns =2x5 + 1x4+1x3=17

h = m + Ns – 6(p-1) ; h=1+17–18=0 (donc le sous système est isostatique)

IV. Description des composants principaux de mécanisme

1. Le châssis

Le châssis est construit par 2 poutrelles IPN de hauteur 180mm et 6 poutrelles UPN de dimensions h égale à 100mm et b égale à 50mm.

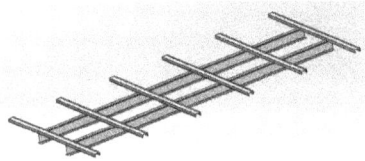

Figure 17: Châssis

2. Le caisson

Le caisson est fabriquée en tôles laminée à chaud d'épaisseur 3 mm en deux cotés et en haut et une tôle de 4mm galvanisé en chaud en bas e la casion.les panneaux qui composent le caisson sont construits avec des tubes rectangulaires soudés au frontière des tôles au cotés. [8]

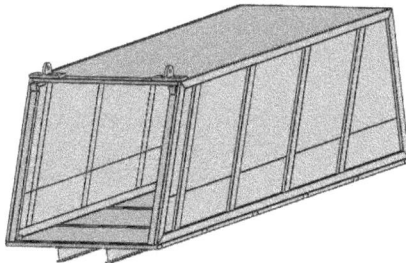

Figure 18: *Le caisson*

3. Le système de chargement (trémie, couvercle arrière, pelle)

La couvercle arrière de la trémie s'ouvre vers le haut par des vérins hydrauliques et s'articule sur la partie supérieure du caisson. La fermeture et le verrouillage du couvercle se fera automatiquement par deux vérins hydrauliques. Le mécanisme de compression des ordures est assuré par une pelle à l'aide des vérins hydrauliques à double effet. Le système hydraulique d'ouverture de la trémie est sécurisé par des clapets anti-retour.

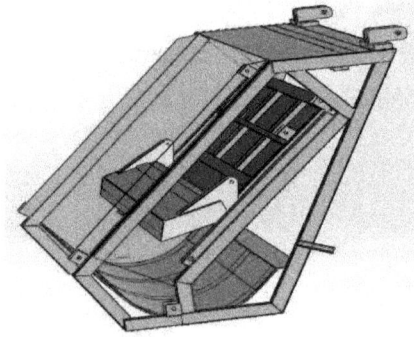

Figure 19: *Le système de chargement*

4. Basculeur à bras de levage

Le basculeur des conteneurs hydraulique préhension latérale pour des poubelles de 800 litres, les poubelles remplies à la case de chargement par l'aide de chargement de poubelle avec 2 vérins hydrauliques, sont prises dans le corps en pressant un bouton qui sera placé sur la boite de commande à droite de la trémie.

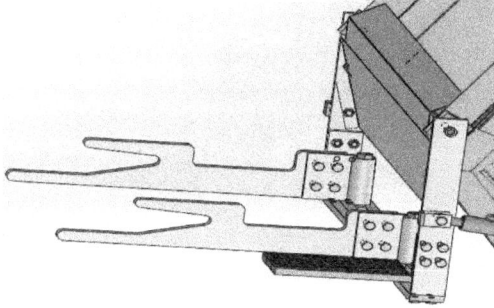

Figure 20: *Basculeur à bras levage*

4. Le bouclier

Le bouclier sous forme incliné pour augmenter la capacité de la benne tasseuse est conçu pour travailler en deux phases, la première en mode de compression et la seconde en mode d'éjection. En phase de compression le bouclier est mis en mouvement par un vérin télescopique à double effet.

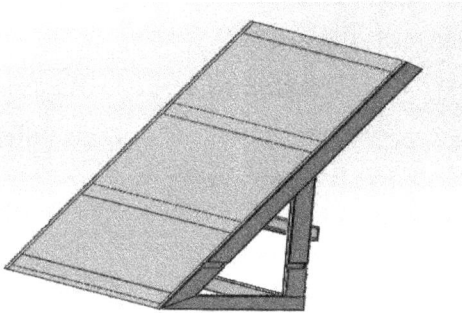

Figure 21: *Bouclier*

5. Le marche pieds

On utilise dans notre mécanisme 2 Marche pieds arrière antidérapant, construit avec tôles aluminium striées d'épaisseur 4mm qui assure le maintien des ouvriers sur le marche pieds et des fers plats d'épaisseur.

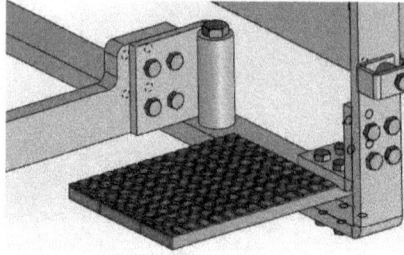

Figure 22: *Marche pieds*

V. les phases de fonctionnement du système

Le mécanisme de chargement, compression et déchargement des ordures ménagères comporte plusieurs phases de fonctionnement.

1. Phase initiale : chargement d'ordures

Initialement, le mécanisme est en position repos, l'opérateur ouvre la partie avant du système de levage afin que celui-ci s'accouple avec la poubelle. Une fois attachée, les vérins du système sortent, la poubelle se décharge dans la trémie. Le mécanisme de levage est constitue de deux vérins hydrauliques double effet, deux crochets et un support pivotant par rapport à la trémie. [7]

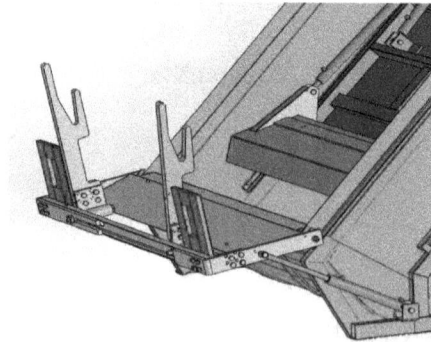

Figure 23: *Phase de chargement d'ordures*

- 38 -

2. Phase de sortie de pelle

Une fois le déchargement de la poubelle est effectué dans la trémie, la pelle avance et s'ouvre afin de déplacer le déchet vers la benne et le transfert des ordures de la porte arrière dans le caisson de stockage est réalisé par la pelle de compactage commandée hydrauliquement. La pelle de compactage coulisse dans la porte arrière sur un guide droit pour glissières suivant un chemin rectiligne.

Figure 24: *Phase de sortie de pelle*

3. Phase d'entrée de la pelle

Une fois la pelle sortie et descendue, les vérins se referment en compactant les déchets et les vérins s'ouvrent afin de faire reculer la pelle en position initiale. La pelle de compactage composée de la presse et du peigne agit et s'articule sur 4 mouvements :

- ✓ 2 mouvements pour l'ouverture et la fermeture du peigne assurés par 2 vérins hydrauliques Ø 50mm avec tige de Ø 30mm.
- ✓ 2 mouvements pour la descente et la remontée de la presse assurés par 2 vérins hydrauliques Ø 50mm avec tige de Ø 30mm. le mécanisme garantie une étanchéité parfaite avec la trémie afin d'assurer le transfert de déchets vers cette dernière.

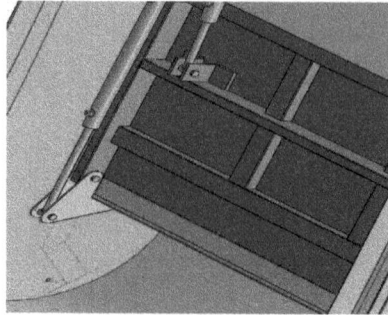

Figure 25: *Phase d'entrée de la pelle*

4. Description de la phase de déchargement des déchets

Une manette agissant sur le distributeur hydraulique permet de relever la porte arrière 'Bouclier' et de mettre en mouvement la pelle d'expulsion actionnée par un vérin télescopique

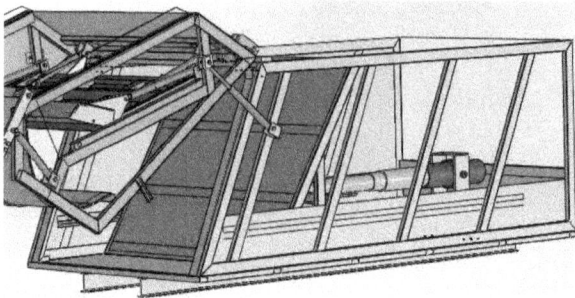

Figure 26: *Phase de déchargement des déchets*

VI. Résistance et choix des matériaux

1. Résistance des assemblages soudés par cordons d'angle

1.1 Résistance expérimentale des soudures par cordons d'angle

La contrainte portée en ordonnée du graphe est la contrainte moyenne dans le plan de la gorge qui est calculée par :

$$\sigma_{moy} = \frac{N}{aL_w}$$

Où N : effort appliqué,

a : dimension de la gorge,

Lw : longueur totale utile des cordons d'angle.

1.2 Contrainte effective dans un cordon de soudure

Les conclusions principales sont les suivantes :

✓ la résistance d'un cordon de soudure peut être établie en se référant aux contraintes moyennes dans le plan de la gorge, malgré le fait que le plan de rupture ne soit pas forcément le plan de la gorge. Pour décrire l'état de contrainte dans la gorge d'un cordon de soudure, les contraintes suivantes sont utilisées:

$\sigma_{\perp}$: Contrainte normale perpendiculaire au plan de la gorge de la soudure.

$\tau_{\perp}$: Contrainte de cisaillement dans le plan de la gorge, perpendiculaire à l'axe de la soudure.

$\tau_{\perp}$: Contrainte de cisaillement dans le plan de la gorge, parallèle à l'axe de la soudure

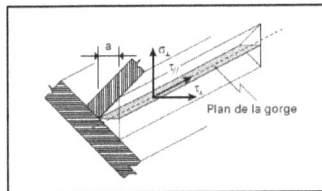

Figure 27: *L'état de contrainte dans la gorge d'un cordon de soudure*

Les contraintes normales parallèles à l'axe du cordon (σ //) peuvent être négligées. Il s'agit des contraintes normales imposées par la sollicitation des éléments attachés et des contraintes résiduelles dues aux retraits des soudures.

La formule de base pour la contrainte effective dans la soudure est :

$$\sigma_w = \beta_w \sqrt{\sigma_\perp^2 + \gamma(\tau_\perp^2 + \tau_{//}^2)}$$

La vérification de la résistance d'un cordon de soudure en un point de la gorge où les contraintes sont calculées, consiste à satisfaire la condition suivante : [9]

$$\sigma_w \leq \sigma_{lim}$$

Limite de résistance σ lim

Alors que dans la norme française NF P 22-470 , la limite de résistance est la limite d'élasticité σe de l'acier de base, il s'agit de la résistance ultime en traction de l'acier de base divisée par un coefficient partiel de sécurité : $f_u / \gamma Mw$.

Coefficient γ

Dans les normes, le facteur γ dans la formule de base prend des valeurs qui varient entre 1,8 et 3.

Coefficient βw

Le coefficient βw (désigné par K dans la norme NF P 22-470) a une valeur qui dépend de la nuance de l'acier de base et varie de 0,7 à 1,0. Ce facteur tient compte du fait que la formule est sensée représenter la valeur de la contrainte de calcul à la rupture dans la soudure tandis que le critère de résistance utilisé est relatif à la résistance du matériau de base.

En conséquence, l'expression de base du critère de vérification pour un cordon de soudure est la suivante:

$$\sqrt{\sigma_\perp^2 + 3(\tau_\perp^2 + \tau_{//}^2)} \leq \frac{f_u}{\beta_w \gamma_{Mw}}$$

Toutefois, nous avons une condition supplémentaire :

$$\sigma_\perp \leq \frac{f_u}{\gamma_{Mw}}$$

Les annexes fixent les valeurs du facteur de corrélation βw et du coefficient partiel de sécurité γMw comme suit :

Nuance	S235	S275	S355	S420	S460
β_w	0,80	0,85	0,90	1,00	1,00
γ_{Mw}	1,25	1,30	1,35	1,25	1,25

Tableau 7: *Les coefficients βw et γMw*

1.2 Etude des cas des pièces de fixation des vérins hydrauliques

Les différents cas sont identiques, En général il s'agit d'un plat soudé par deux cordons parallèles sur une tôle ou tubes rectangulaires et soumis à une force oblique provoquant un moment au droit des cordons de soudure. Le fer plat en acier S235 d'épaisseur 15 mm supporte un effort de 600 daN.

Il s'agit de dimensionner la gorge des cordons de soudure.

Pour l'acier choisi, nous avons :

$fy = 23,5$ daN/mm^2 ; $fu = 34$ daN/mm^2

et : $\beta w = 0,8$; $\gamma Mw = 1,25$

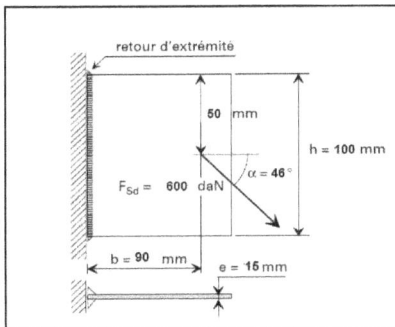

Tableau 8: *Le fer plat en acier S235 d'épaisseur 15 mm supporte un effort de 600 daN.*

- 43 -

Considérons la section transversale du plat au droit des cordons de soudure. Cette section est soumise à :

- ✓ un effort axial de traction $Nt.Sd = 424$ daN, composante horizontale de l'effort,
- ✓ un effort tranchant $VSd = 424$ daN, composante verticale de l'effort,
- ✓ un moment fléchissant $MSd = b\ VSd = 38,16$ daN.m

Dans l'hypothèse d'une répartition élastique des contraintes au droit de la soudure, nous pouvons calculer :

✓ La contrainte normale sur la fibre extrême tendue :

$$\sigma = \frac{N_{t.Sd}}{A} + \frac{M_{Sd}}{I/v} = \frac{424}{100 \times 15} + \frac{38160}{15 \times 100^{2}/6} = 1,8 \quad \text{daN/mm}^2$$

✓ la contrainte moyenne de cisaillement :

$$\tau = \frac{V_{Sd}}{A} = \frac{424}{100 \times 15} = 0,82 \quad \text{N/mm}^2$$

Au niveau de la fibre extrême tendue, l'effort perpendiculaire à l'axe de la soudure par unité de longueur, à reprendre par chaque cordon de soudure est :

$$\sigma\, e/2 = 1,8 \quad \times 15/2 = 13,5 \quad \text{daN/mm}$$

Dans le plan de la gorge du cordon de soudure nous avons :

✓ une contrainte normale au plan de la gorge $\sigma_\perp$, telle que :

$$a\,\sigma_\perp = 13,5 \quad \sin\ (46°) = 9,71 \quad \text{daN/mm}$$

✓ une contrainte de cisaillement perpendiculaire à l'axe du cordon $\tau_\perp$, telle que :

$$a\,\tau_\perp = 13,5 \quad \cos(46°) \quad = 9,37 \quad \text{daN/mm}$$

✓ une contrainte de cisaillement parallèle à l'axe du cordon $\sigma\ //$, telle que :

$$\boxed{a\,\tau_{/\!/} = \textbf{0,82} \times \textbf{15/2} = \textbf{6,15} \quad \text{daN/mm}}$$

$$\boxed{\frac{1}{a}\sqrt{(9,71)^2 + 3(9,37^2 + 6,15^2)} \le \frac{34}{0,8.1,25}}$$

Nous pouvons en déduire : $a \ge 1,56mm$

Nous pouvons retenir : $a = 2mm$

1.4. Application de la méthode de vérification

Cette méthode simplifiée ne nécessite pas d'effectuer la décomposition de l'effort dans le plan de la gorge du cordon de soudure. Nous avons toutefois à reprendre par cordon :

✓ un effort perpendiculaire au cordon de 13,5 daN/mm,
✓ un effort parallèle au cordon de 6,15 daN/mm,

La résultante de ces efforts est : 14,83 daN/mm.

D'après le critère de résistance :

$$\boxed{\frac{14,83}{a} \le \frac{34/\sqrt{3}}{0,8.1.25}}$$

Nous pouvons en déduire : $a \ge 1,32mm$

Nous pouvons retenir : $a = 5mm$, si on prend un coefficient de sécurité égale à 3

2. Résistance des vis

En général on utilise des vis M20 pout le maintien des tiges des vérins hydrauliques et M24 pour la fixation des charnières sur le système de chargement et sur le caisson, soit la classe de résistance de la matière égale à 10.9 .

2.1. La vis M20

On a utilisé une vis hexagonale M20 selon DIN 933 avec filetage métrique total iso à pas gros, l'utilisation de cette vis est du aux dimensions de tête de tige de vérin hydraulique et au trou de tube du vérin hydraulique. Les vis et les écrous M20 assurent la liaison entre le vérin hydraulique et les pattes de fixation des vérins pour la commande des différents mécanismes.

Les vis travaillent en cisaillement. On choisi la vis de classe 10.9. [10]

Pour la classe 10.9 on a les caractéristiques mécaniques suivantes:

- Dureté HRc mini 32
- Dureté HRc maxi 39
- Charge d'épreuve 83 daN/mm^2 de section
- Limite élastique mini 94 daN/mm^2 de section
- Charge mini de rupture 104 daN/mm^2 de section

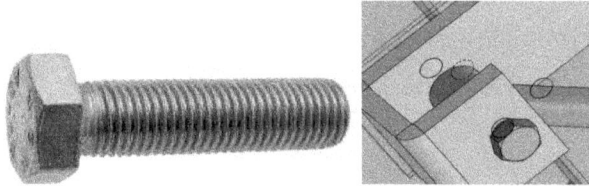

Figure 28: *Vis hexagonale M20*

D'après le tableau des résistances en fonction des diamètres par classe d'acier.

Soit le section résistance du vis M20 égale à 245 mm^2, Donc on a :

Charge d'épreuve 83 x 245= 20335 daN

Limite élastique mini 94 x245 = 23030 daN

Charge mini de rupture 104 x245= 25480 daN

Sachons que la charge maxi appliquée par le vérin hydraulique double effet de commande du système de chargement sur la vis M 20 est 2400 daN, donc la vis résiste.

2.2. La vis M24

On a utiliser une vis CHC à Tête six pans creux ou Hexagonale Creuse à pas fin selon DIN 912 , Les vis travaillent en traction. On choisi la vis de classe 10.9.

Le 1er chiffre correspond à 1/10 de la valeur de la résistance minimale à la traction exprimé en daN/mm^2.

Le quotient du 1er par le $2^{iéme}$ chiffre de la classe donne la limite élastique en daN.

Ce qui donne :

La résistance minimale à la traction égale à 100 daN/mm^2. La limite élastique égale à 90 daN /mm^2.

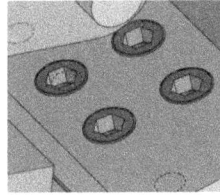

Figure 29: *Vis CHC M 24*

✓ **Comment calculer la limite élastique mini d'une vis ?**

L'utilisation de la vis doit se situer à une valeur maxi de 90% de la limite élastique ce que l'on appelle Charge d'épreuve. La section résistante de la vis M30: 353 mm^2

✓ **Limite élastique Mini de la Classe :**

$$10 \times 9 = 90 \text{ daN/mm}^2$$

✓ **Limite élastique Mini de la Vis :**

$$353 \times 90 = 31770 \text{ daN}$$

✓ **Charge d'épreuve :**

$$6\,264 \times 90\% = 23593 \text{ daN}$$

Dans notre cas la charnière en statique doit supporte une charge de 1200 daN, Donc la Vis résiste suffisamment à la traction même lors fonctionnement dynamique avec un coefficient de sécurité très grand.

3. choix des matériaux

A peut prêt 95 % de la benne tasseuse est composées par des tôles, tubes, fers plats et poutrelles. Dans ce tableau on présente les différents matériaux utilisés.

A cause de la nature de l'ordure ménagère plein d'eau et d'autres produits chimiques. Les tôles de trémie et du châssis doivent avoir une galvanisation à chaud en continu pour que les tôles puissent résiste très longtemps à l'eau .Durable et économique, la galvanisation à chaud offre aussi d'autres avantages :

✓ une protection totale et fiable : le procédé d'immersion permet de traiter 100% de la surface à protéger (extérieur et intérieur),

✓ une résistance mécanique à l'abrasion, renforcée : le dépôt des couches successives d'alliage offre une dureté supérieure,

✓ une durée de vie exceptionnelle

Selon les normes NFA 36-321 et NFA 36-322 les tôles doivent avoir entre 100 et 600 grammes Zinc par m ^{2} et la couche de Zinc avec épaisseur entre 7 et 42 μm. [17]

Les pièces	Les matériaux utilisés
Les tôles	S275JR
Les Tubes rectangulaires	S235JR
Les Fers plats	S235JR
Les pièces de fixation des vérins	S235JR
Poutrelles UPN	S235JR
Poutrelles IPE	S235JR
Vis et Ecrous	Z2CN 18-10 (selon la norme AFNOR)
Tôle de marche pieds	Aluminum
Tôle de chassis	Tôle S275JR galvanisé à chaud
Tôle de trémie	Tôle S275JR galvanisé à chaud

Tableau 9: *Choix matériaux*

VII. Peinture et joint d'étanchéité

1. Peinture

Toute la structure doit recevoir une préparation mécanique, apprêt époxy en 2 couches anticorrosives, une plaque de finition polyuréthane à 2 couches sur un ton. [11]

1.1 Peinture époxy

La peinture époxy fait partie de la catégorie des peintures à l'huile. Elle est applicable sur tous supports y compris le carrelage, le béton, la pierre... En intérieur mais plus particulièrement en extérieur pour les revêtements de sol de type industriel avec les caractéristiques suivants :

- peinture très résistante,
- applicable au sol et sur pratiquement toutes les surfaces,
- bel aspect, lisse et homogène,
- nettoyage des outils généralement au white spirit,
- toxique.

1.2 Peinture polyuréthane

Dans la catégorie des peintures à l'huile, la peinture polyuréthane est souvent employée pour les sols. Résistante comme les époxys, elle trouve sa place en intérieur sur les sols béton ou carrelages mais aussi sur tous types de support même en extérieur. La peinture polyuréthane a les caractéristiques suivantes :

- très résistante,
- utilisation multi surfaces en particulier les sols,
- bel aspect surtout en lustre brillant (effet miroir),
- excellent tendu,
- nettoyage des outils au white-spirit,

2. Joint d'étanchéité

On a utilisé des joints d'étanchéités caoutchouc TPE noir pour la protection de bord des tubes au niveau de la contact entre la bouclier et la tôle de caisson lors de l'éjection des déchets et le recule de la bouclier vers sa position initial et aussi au niveau de contact entre le système de chargement et le caisson pour diminuer le frottement lors de mouvement du camion. On utilise aussi des Joint d'étanchéité caoutchouc TPE noir pour la protection de bord des tôles au niveau de la pelle.

Figure 30: *Joint d'étanchéité pour la protection de bord des tubes et tôle*

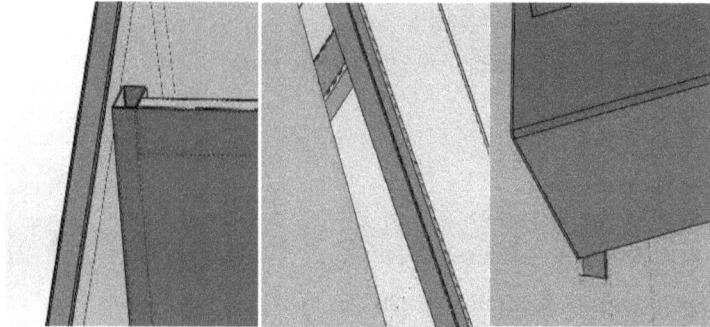

Figure 31: *Les différentes positions des joints d'étanchéité*

VIII. Etude de la structure

Pour garantie un bon choix des dimensions nécessaires des différents composants du système. Pour cela nous avant utiliser l'analyse avec SolidWorks Simulation.les résultats des analyses sont dans le tableau ci-dessous.

Le modèle	Référence du modèle	matériaux	Actions extérieures	Résultats d'étude -contraintes -déplacements -coefficients de sécurité
Châssis		-(S235JR) pour les poutres en U --(S275JR) pour la tôle	Force normale de valeur: 80000N	-Contrainte maximale:36.0028 N/mm^2 (MPa) -déplacement maximale: 0.134066 mm -coefficient de sécurité minimal : 6.6
Trémie		--(S275JR) pour la tôle -(S235JR) pour Les er plats	Force normale de valeur: 8000N	-Contrainte maximale : 27.1393 N/mm^2 (MPa) -déplacement maximale : 2.34596 mm -coefficient de sécurité minimal : 7.8
Pelle		--(S275JR) pour les tôle -(S235JR) pour Les er plats	Force normale de valeur: 8000N	-Contrainte maximale:57.611 N/mm^2 (MPa) -déplacement maximale : 0.763953 mm -coefficient de sécurité : 4.1

		--(S235JR)	Force normale de valeur: 7500N	-Contrainte maximale : 39.2529 N/mm^2 (MPa) -déplacement maximal : 0.0242624 mm -coefficient de sécurité minimal: 5.9
Pièce de fixation de vérin de levage au niveau de caisson		--(S235JR)	Force normale de valeur: 7500N	
Pièce de fixation de vérin de levage au niveau de trémie		--(S235JR)	Force normale de valeur: 7500N	-Contrainte maximale : 59.1789 N/mm^2 (MPa) -déplacement maximal : 0.0996451 mm -coefficient de sécurité minimal: 4.6
Pièce de fixation de vérin de levage de bras basculeur		--(S235JR)	Force normale de valeur: 6000N	-Contrainte maximale : 37.8428 N/mm^2 (MPa) -déplacement maximal : 0.0166901 mm -coefficient de sécurité minimal: 4.8

		--(S235JR) Force normale de valeur: 12000N	-Contrainte maximale : 44.1179 N/mm^2 (MPa) -déplacement maximal : 0.680659 mm -coefficient de sécurité minimal: 5.3
Basculeur à bras de levage			
Marche pieds		--(S235JR) pour les fers plats --(S275JR) pour la tôle Force normale de valeur : 1200 N	-Contrainte maximale : 66.2486 N/mm^2 (MPa) -déplacement maximal : 0.495851 mm -coefficient de sécurité minimal: 3.5

Tableau 10 : *Etude de la structure*

IX. Conclusion

L'objectif de chapitre quatre consiste à présenter une étude générale de mécanisme de point de vue description générale de fonctionnement de mécanisme ainsi que la description des principaux assemblages de la benne tasseuse et la présentation des phases de fonctionnement et par suite on présente dans un tableau les résultats éléments finis qui vérifie le choix de la structure.

Dimensionnement du circuit hydraulique

I. Introduction

L'énergie hydraulique est connue par ces grandes puissances d'utilisation ainsi que par les performances qu'elles génèrent par rapport à la pneumatique. Elle connait actuellement plusieurs évolutions que ce soit en termes de taille de machine, de meilleure adaptation au site, en termes de réduction des temps de cycle, de maintenance ainsi qu'une évolution en termes de prise en compte complète de l'environnement.

On va s'intéresser dans ce chapitre au dimensionnement du circuit hydraulique et plus précisément sur le calcul des vérins.

II. Calcul théorique de la force de vérin

Soit le système suivant, mécanisme bras basculeur de levage.

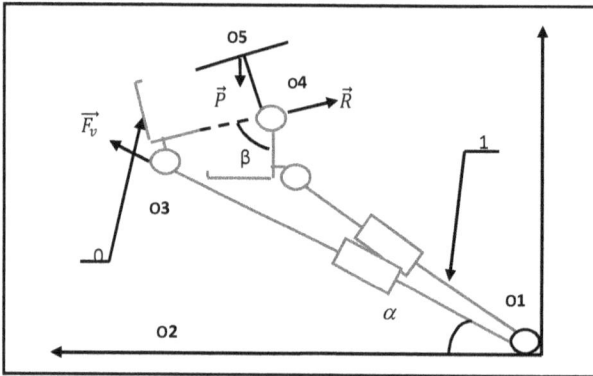

Figure 32 : *Schéma cinématique de bras basculeur de levage*

Données :   A= O1O4 ; B= O2O4

C= O3O4 ; D= O4O5

L= O1O3 = la longueur de tige de vérin (variable)

1. Etude statique

En appliquant le principe fondamental de la statique:

$$\begin{cases} \sum \vec{F}_{ext} = \vec{0} & (1) \\ \sum M\vec{F}_{ext/O4} = \vec{0} & (2) \end{cases}$$

$$\vec{R} + \vec{F}_V + \vec{P} = \vec{0}$$
$$\vec{R} \wedge \vec{0} + \vec{F}_V \wedge \overline{O3O4} + \vec{P} \wedge \overline{O4O5} = \vec{0}$$

$$\overline{O3O4} \wedge \vec{F}_V + \overline{O4O5} \wedge \vec{P} = \vec{0}$$
$$(-C.cos\beta.\vec{y} + C.sin\beta.\vec{x}) \wedge (F_V.cos\alpha.\vec{y}) + (D.cos\beta.\vec{x} + D.sin\beta.\vec{y}) \wedge (-P.\vec{y}) = 0$$
$$(C.cos\beta.F_V.cos\alpha + C.sin\beta.F_V.sin\alpha).\vec{z} - (D.P.cos\beta).\vec{z} = 0$$
$$F_V.C(cos\beta.cos\alpha + sin\beta.sin\alpha) - (D.P.cos\beta) = 0$$
$$F_V.C(cos\beta.cos\alpha + sin\beta.sin\alpha) = (D.P.cos\beta)$$

$$\boxed{F_V = \frac{(D.P.cos\beta)}{C(cos\beta.cos\alpha + sin\beta sin\alpha)}}$$

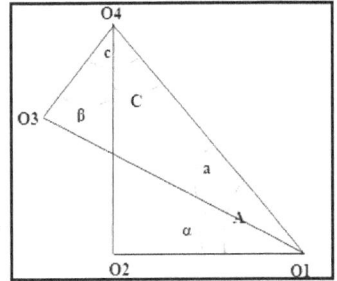

Les angles **α** et **ß** sont des angles variables :
Il faut rechercher l'expression en fonction de la longueur
de la tige (L)

Dans le triangle rectangle (O1 O2 O4) on a :

- $sin(A) = \frac{O2\,O4}{O1\,O4} = \frac{B}{A}$
- $\cos C = \frac{O2O4}{O1O4} = \frac{B}{A}$

<u>Rappel mathématique</u> : **Théorème d'Al-Kashi** [12]

« Dans les triangles obtusangles, le carré du côté qui soutient l'angle obtus est égale à la somme des carrés des deux autres côtés plus le cosinus d'angle obtus »D'où :

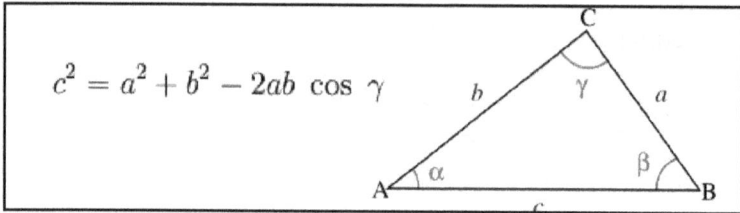

$$c^2 = a^2 + b^2 - 2ab \cos \gamma$$

. Donc, pour le triangle (O1 O3 O4) on a :

$$\cos(a) = \frac{A^2 + L^2 - C^2}{2.A.L} \qquad\qquad (a) = cos^{-1}\left(\frac{A^2 + L^2 - C^2}{2.A.L}\right)$$

$$\cos(c) = \frac{A^2 + C^2 - L^2}{2.A.C} \qquad\qquad (c) = cos^{-1}\left(\frac{A^2 + C^2 - L^2}{2.A.C}\right)$$

Donc

$$\alpha = A - a \rightarrow = A - cos^{-1}\left(\frac{A^2 + L^2 - C^2}{2.A.L}\right)$$

$$\beta = c - C \rightarrow = cos^{-1}\left(\frac{A^2 + C^2 - L^2}{2.A.C}\right) - C$$

D'où l'expression de **Fv** devient en fonction de **L** :

$$F_V = \frac{(D.P.\cos(A - cos^{-1}(\frac{A^2 + L^2 - C^2}{2.A.L})))}{C(\cos(A - cos^{-1}\left(\frac{A^2 + L^2 - C^2}{2.A.L}\right)) - (cos^{-1}\left(\frac{A^2 + C^2 - L^2}{2.A.C}\right) - C)))}$$

III. Calcul de vérin de commande de basculeur à bras de levage

1. Calcul force de vérin

Pour le vérin de levage du bras basculeur on les dimensions suivants :

Données :   A= O1O4 = 770 mm ; B= O2O4 = 567 mm

$$C = O3O4 = 340 \text{ mm} ; \quad D = O4O5 = 778 \text{ mm}$$

$$L = O1O3 = \text{la longueur de tige de vérin (variable)}$$

Pour un poids égale à 1000 Kg, on a P = 10000 N.

Dans le triangle rectangle (O1 O2 O4) on a :

- $\sin(A) = \dfrac{O2\,O4}{O1\,O4} = \dfrac{B}{A} = \dfrac{567}{773} = 0.73 \qquad (A) = 47.18°$

- $\cos(C) = \dfrac{O2\,O4}{O1\,O4} = \dfrac{B}{A} = \dfrac{567}{773} = 0.73 \qquad (C) = 42.72°$

On utilise le Tableau « Excel » pour tracer l'allure de la courbe présentant la force de vérin en fonction de la longueur de la tige.

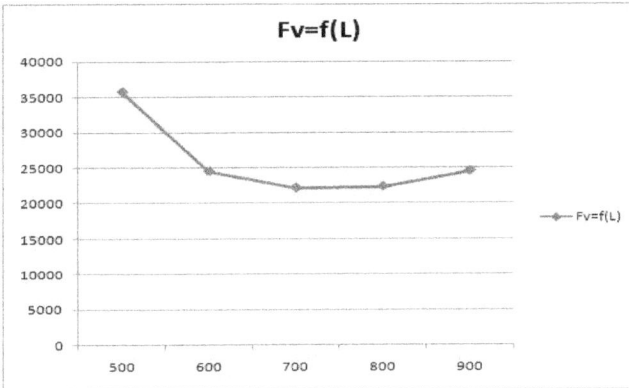

Figure 33 : *Courbe de variation de force de vérin par rapport de sa longueur de la tige*

Selon la courbe, on doit prendre la valeur de force minimale qui peut pousser le bras basculeur de levage égale à 22115 N

Donc on peut prendre : | $Fv = 23000N = 2300daN$ |

Dans notre cas, cette force est garantie par les deux vérins de levage. Ainsi, chaque vérin doit supporter une charge de valeur $Fv1 = Fv2 = Fv/2$

$$\boxed{Fv1 = Fv2 = 1150 \text{ daN}}$$

2. Choix de la pression à priori

Utilisation	10bars	80bars	160bars	250bars	350bars	420bars	700bars
Lubrification, Filtration	—						
Echange Thermiques	—						
Machine outil		—					
Machine de transfert			▭	▭			
Machine d'assemblage			—				
Emmanchement, sertissage			—				
Manutention			▭	▭			
Presse plastique chimie				—	—		

Tableau 11: *Choix des pressions à priori*

Le système de levage est dans la catégorie des mécanismes de manutention. D'après le tableau 5.1, sa pression entre 160 et 250 bars, par exemple on prend 200 bars.

2. Condition de résistance au flambage

Le diamétre de la tige du vérin vérifie :

$$d \geq \sqrt[4]{\frac{64 \alpha F L_f^2}{\pi^3 E}}$$

F: Force de vérin en N

E: Module d'Young (E=2.10^5 Mpa)

α : Coefficient de sécurité (α =3)

L_f: longueur de flambage (L_f=1 .5 $*$ course) avec course = 700 mm

- 58 -

$$d \geq \sqrt[4]{\frac{64 \times 3 \times 8.1 \times 11500}{\pi^3 \times 2}}$$

d≥ 25.02 mm

3. Choix de diamétre

D'aprés La condition de flambage, le diamétre du tige doit étre supérieur à 25.02 mm. [13]

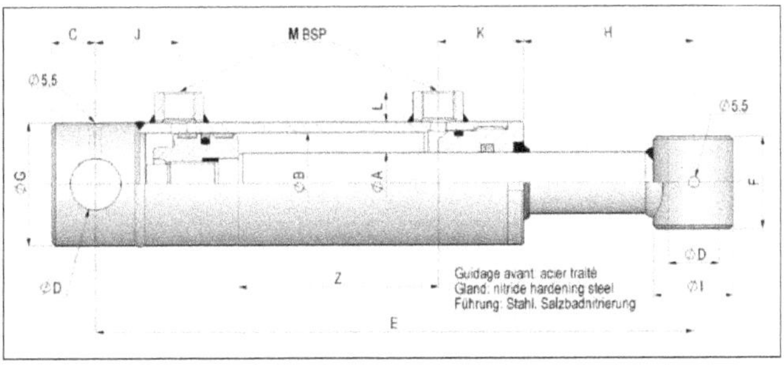

Figure 34: *Vérin hydraulique double effet*

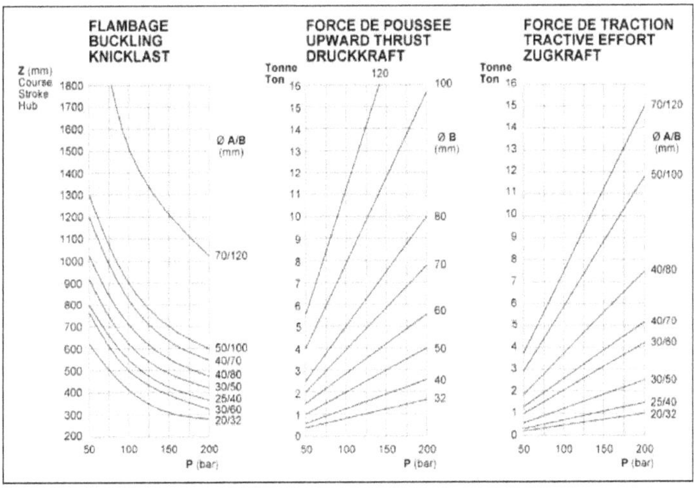

Figure 35 : *Abaque choix vérin hydraulique double effet*

Remarque : Le choix de vérin va dépendre seulement de la section poussée car le travail qu'il l'effectue est plus important dans la phase de sortie de vérin.

D'après les abaques de la **figures 35** on prend comme valeur A=d=30mm et B=D=50mm.

4. Calcul de la section du piston débit théorique

Pour D= 50 mm = 5 cm

$$S_p = \frac{\pi \times D^2}{4} = 19.63 \ cm^2$$

$Q_p = 6 \times V_{max} \times S_p$; Avec S_p en cm² , V_{max} en m/s et Q_p en L/min

On a choisi la vitesse max ($V_{max} = 0. 1$ m/s)

$$Q_p = 6 \times 0.1 \times 2 \times 19.63 = 23.55 \ l/min$$

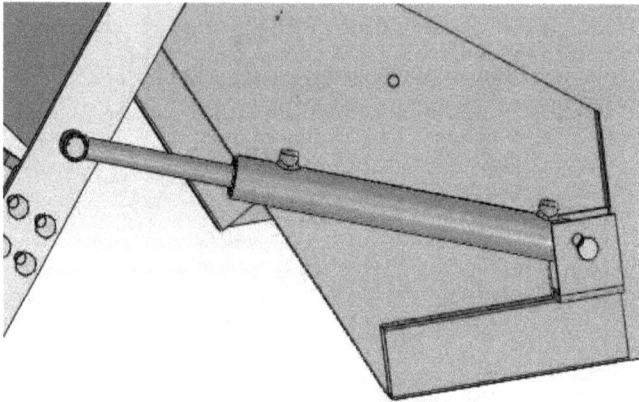

Figure 36: *Vérin de commande à bras de levage*

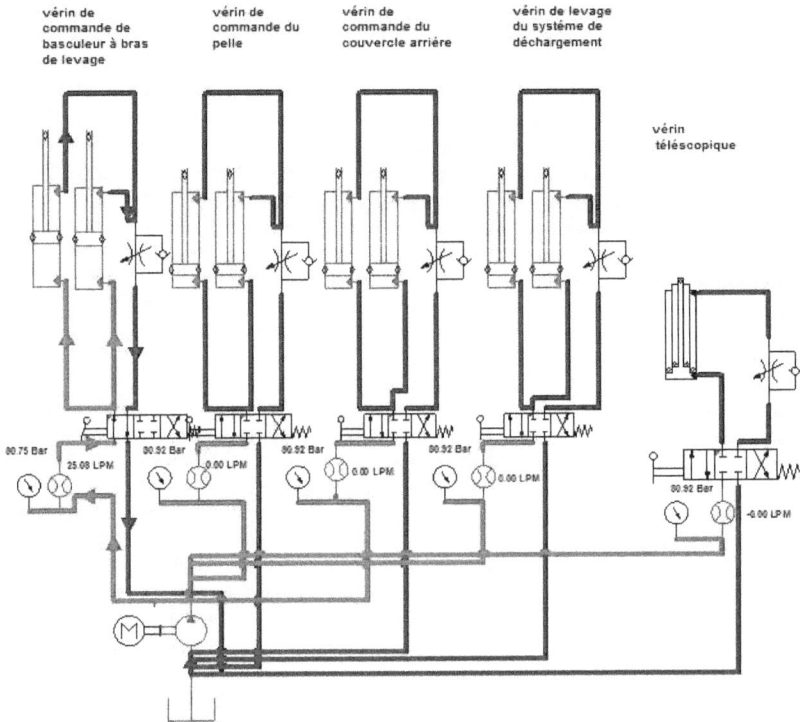

Figure 37 : Schéma de vérin de commande de basculer à bras de levage sur Automation Studio

IV. Calcul de vérin de commande de la pelle

1. Calcul force de vérin

Pour le vérin de commande de la pelle on a les dimensions suivantes :

Données :   A= O1O4 = 907mm ; B= O2O4 = 56 mm

C= O3O4 = 257mm; D= O4O5 = 440 mm

L= O1O3   la longueur de tige de vérin (variable)

Pour un poids égale à 970 Kg, P = 9700 N.

Dans le triangle rectangle (O1 O2 O4) on a :

$$sin(A) = \frac{O2\,O4}{O1\,O4} = \frac{B}{A} = \frac{56}{907} = 0,06 \quad ; \quad (A) = 4^0$$

$$cos(C) = \frac{O2\,O4}{O1\,O4} = \frac{B}{A} = \frac{56}{907} = 0,06 \quad ; \quad (C) = 86^0$$

Fv=f(L)

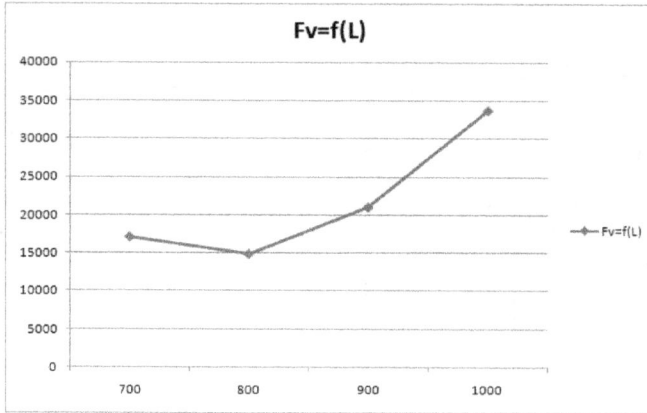

Figure 38 : *Courbe de variation de force de vérin par rapport de sa longueur de tige*

Selon la courbe, on doit prendre la valeur de force minimale égale à 14830 N qui peut commander la pelle.

Donc on peut prendre :

$$Fv = 15000\ N = 1500\ daN$$

Dans notre cas, cette force est garantie par les deux vérins. Ainsi, chaque vérin doit supporter une charge de valeur Fv1= Fv2= Fv/2

$$Fv1 = Fv2 = 750\ daN$$

La pelle est dans la catégorie des mécanismes de transfert D'après le tableau 5.1, sa pression entre 80 et 250 bars, par exemple on prend 160 bars.

2. Condition de résistance au flambage

Le diamétre de la tige du vérin vérifie :

$$d \geq \sqrt[4]{\frac{64\alpha F L^2_f}{\pi^3 E}}$$

F: Force de vérin en N

E: Module d'Young (E=2.10^5 Mpa)

α : Coefficient de sécurité (α=3)

L$_f$: longueur de flambage (L$_f$=1 .5 * course) avec course = 800 mm

$$d \geq \sqrt[4]{\frac{64 \times 3 \times 14.4 \times 7500}{\pi^3 \times 2}}$$

d$\geq$ 24.4 mm

3. Choix de diamétre

La condition de flambage n'est pas verifiée, Donc on doit choisir le diametre de la tige égale à 30 mm.

D'après les abaques dans **la figure 5.4** : on prend comme valeur d=30mm et D=50mm.

4. Calcul de la section de la piston et le débit théorique

Pour D= 50 mm = 5 cm

$$S_p = \frac{\pi \times D^2}{4} = 19.63 \ cm^2$$

Q$_p$ = 6 × V$_{max}$ × S$_p$; Avec S$_p$ en cm² ,V$_{max}$ en m/s , Q$_p$ en L/min

On a choisi la vitesse max (V_{max} = 0.1 m/s)

$$Q_p = 6 \times 0.1 \times 2 \times 19.63 \quad = 22.55 \text{ l/min}$$

Figure 39: *Vérin de commande de la pelle*

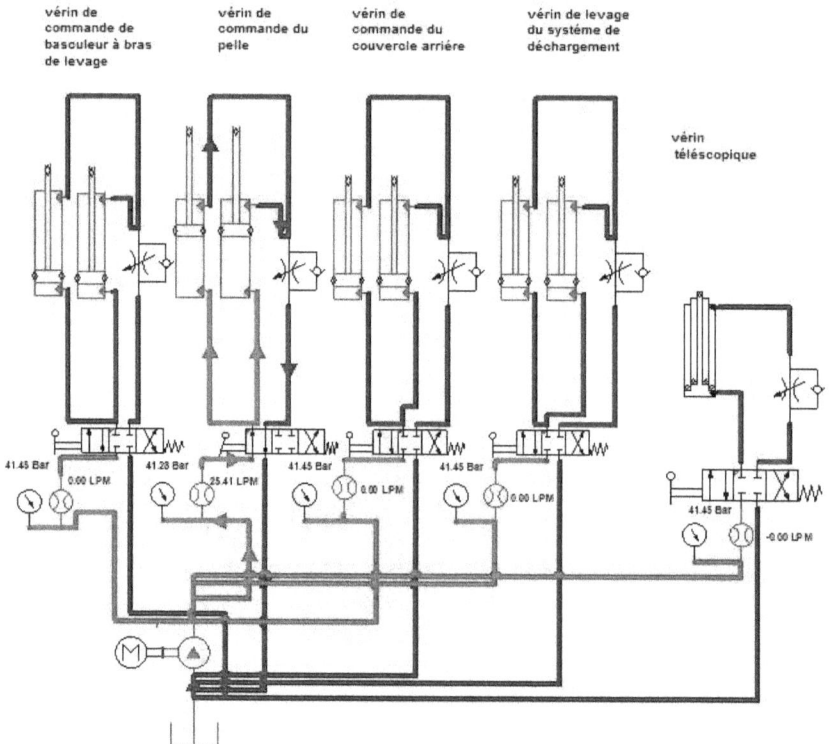

Figure 40 : *Schéma de vérin de commande de la pelle sur Automation Studio*

V.   Calcul de vérin de commande du couvercle arrière

1. Calcul force de vérin

On ne peut pas appliquer le Théorème d'Al-Kashi puisque le vérin se déplace en translation, donc on prend Fv supérieur au poids de mécanisme lors de traction

Pour une charge de 1170 kg ce qui donne P=11700 N

On peut prendre :

$$Fv = 12000\ N = 1200\ daN$$

Sachons que nous utilisons 2 vérins Donc :

$$Fv1 = Fv2 = 600\ daN$$

2. Condition de résistance au flambage

Le diamétre de la tige du vérin vérifie :

$$d \geq \sqrt[4]{\frac{64\alpha F L_f^2}{\pi^3 E}}$$

F: Force de vérin en N

E: Module d'Young ($E = 2.10^5$ Mpa)

α : Coefficient de sécurité ($\alpha = 3$)

L_f: longueur de flambage ($L_f = 1.5 *$ course) avec course = 800 mm

$$d \geq \sqrt[4]{\frac{64 \times 3 \times 14.4 \times 6000}{\pi^3 \times 2}}$$

d≥ 22.74 mm

3. Choix de diamétre

D'aprés La condition de flambage, Donc on doit choisir le diamétre de la tige égale à 30 mm. D'aprés les abaques dans **la figure 5.4** : on prend comme valeur d=30mm et D=50mm.

4. Calcul de la section du piston et le débit théorique

Pour D= 50 mm = 5 cm on a : $\boxed{S_p = \frac{\pi \times D^2}{4} = 19.63 \ cm^2}$

$Q_p = 6 \times V_{max} \times S_p$; Avec S_p en cm² , V_{max} en m/s et Q_p en L/min

On a choisi la vitesse max ($V_{max} = 0.1$ m/s)

$$\boxed{Q_p = 6 \times 0.05 \times 2 \times 19.63 \ = 22.55 \ l/min}$$

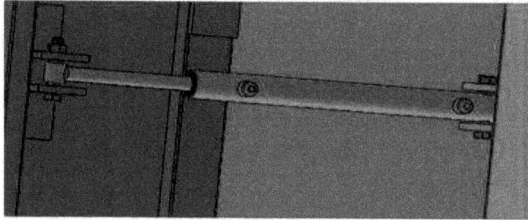

Figure 41 : *Vérin de commande du couvercle arrière*

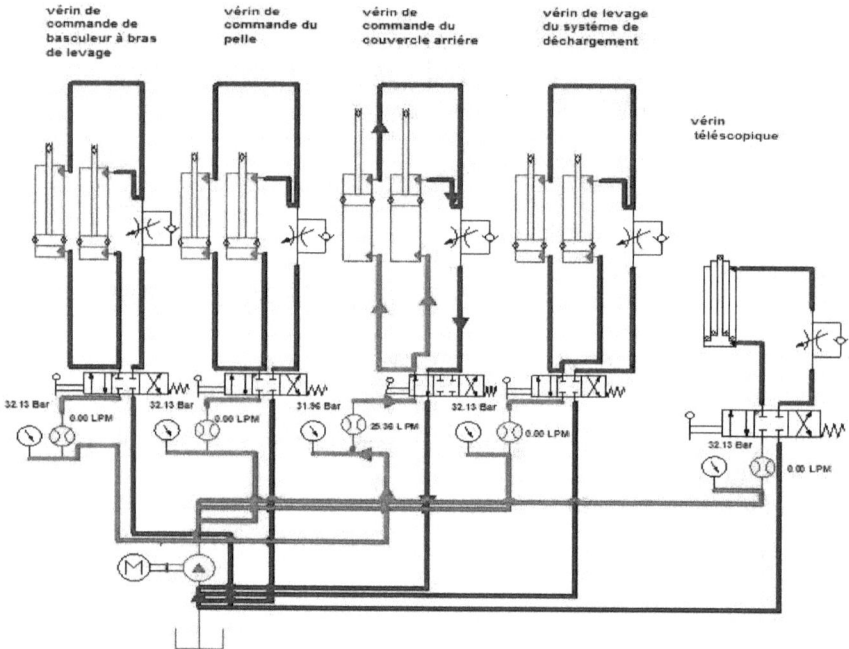

Figure 42 : *Schéma de vérin de commande du couvercle arrière sur Automation Studio*

VI. Calcul de vérin de levage de système de chargement

1. Calcul force de vérin

Pour le vérin de levage de système de chargement on a les dimensions suivantes :

Données :   A= O1O4 =668 mm ; B= O2O4 = 602 mm

C= O3O4 = 802 mm ; D= O4O5 = 1200 mm

L= O1O3 = la longueur de tige de vérin (variable)

P = 12000 N

Dans le triangle rectangle (O1 O2 O4) on a :

$$sin(A) = \frac{O2\,O4}{O1\,O4} = \frac{B}{A} = \frac{602}{668} = 0.9 \qquad (A) = 64.15^0$$

$$cos(C) = \frac{O2\,O4}{O1\,O4} = \frac{B}{A} = \frac{602}{668} = 0,9 \qquad (C) = 25.85^0$$

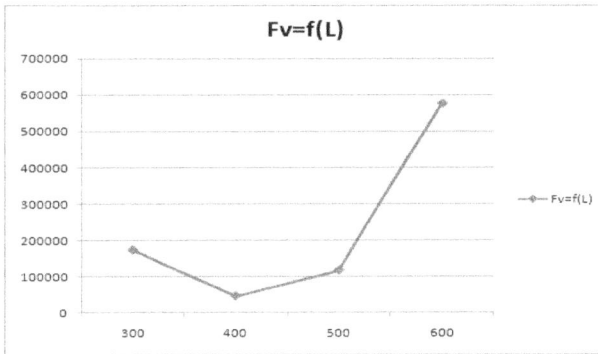

Figure 43 : *Courbe de variation de force de vérin par rapport de sa longueur de tige*

Selon la courbe, on doit prendre la valeur de force minimale qui peut lever le système de chargement égale à 46112 N. Fv = 48000 N =4800 da N

2. Condition de résistance au flambage

Le diamétre de la tige du vérin vérifie :

$$d \geq \sqrt[4]{\frac{64\alpha F L^2_f}{\pi^3 E}}$$

F: Force de vérin en N

E: Module d'Young (E=2.10^5 Mpa)

α : Coefficient de sécurité (α =3)

L_f: longueur de flambage (L_f=1 .5 ∗ course) avec course = 400 mm

$$d \geq \sqrt[4]{\frac{64 \times 3 \times 3.6 \times 24000}{\pi^3 \times 2}}$$

d$\geq$ 22.74mm

3. Choix de diamétre

D'aprés la condition de flambage, Donc on peut choisir le diamétre de la tige égale à 30 mm.

Remarque : Le choix de vérin va dépendre seulement de la section poussée car le travail qu'il l'effectue est plus important dans la phase de sortie de vérin.

D'après les abaques dans **la figure 5.4** : on prend comme valeur d=30mm et D=50mm.

4. Calcul de la section de piston et le débit théorique

Pour D= 50 mm = 5 cm $\qquad S_p = \frac{\pi \times D^2}{4} = 19.63\ cm^2$

Q_p= 6 × V_{max} × S_p ; Avec S_p en cm², V_{max} en m/s et Q_p en L/min

On a choisi la vitesse max (V_{max} = 0.1 m/s)

$$Q_p = 6 \times 0.1 \times 2 \times 19.63 = 22.55 \text{ l/min}$$

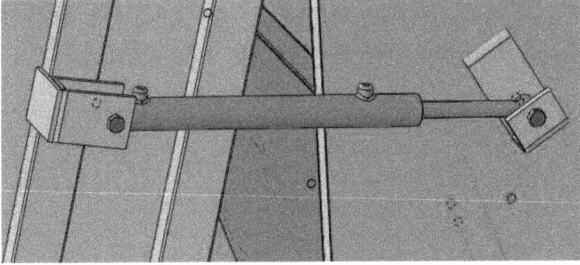

Figure 44 : *Vérin de commande la trémie*

Figure 45 : *Vérin hydraulique double effets de type chapel*

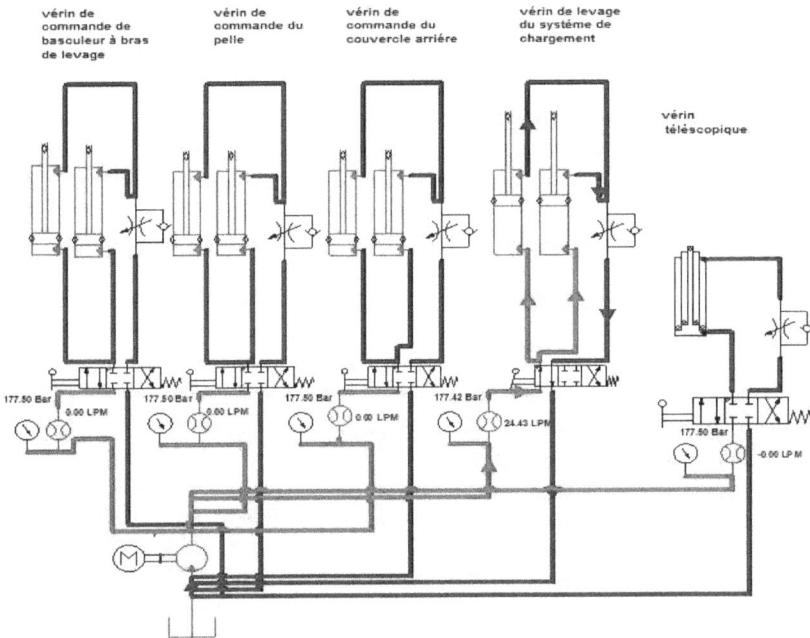

Figure 46 : *Schéma de vérin de levage de système de chargement sur Automation Studio*

VI. Choix de vérin télescopique pour la commande de Bouclier

D'après les dimensions du caisson, on doit choisir un vérin télescopique avec une course L égale à 320 cm pour éjecter totalement les déchets dans le caisson.

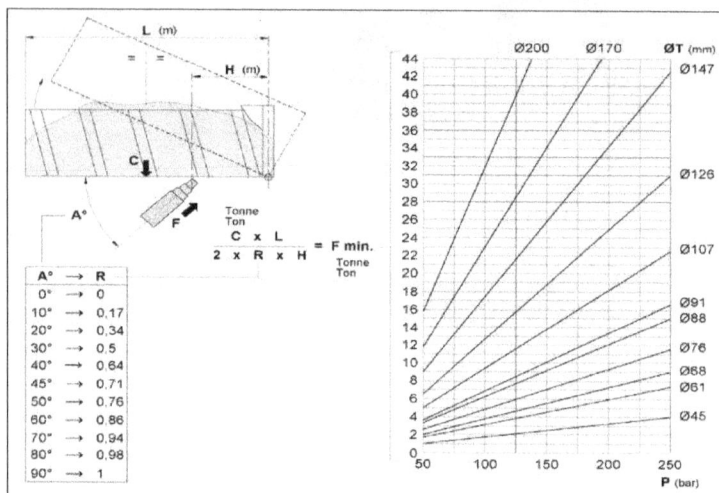

Figure 47 : *Abaque de choix de vérin télescopique*

Dans ce cas on a:

C=6000 kg, R=1, L=2,4m, H=1,2m

Ce qui donne F=6000 kg, On doit prendre une force capable d'éjecter plus que 6 tonnes. D'après l'abaque pour une pression égale à 150 bars, on a choisi une diamètre T égale à 107 mm.

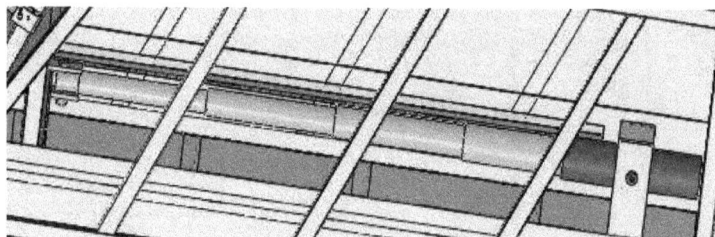

Figure 48 : *Vérin télescopique de commande de bouclier*

Figure 49 : *Vérin télescopique de type chapel*

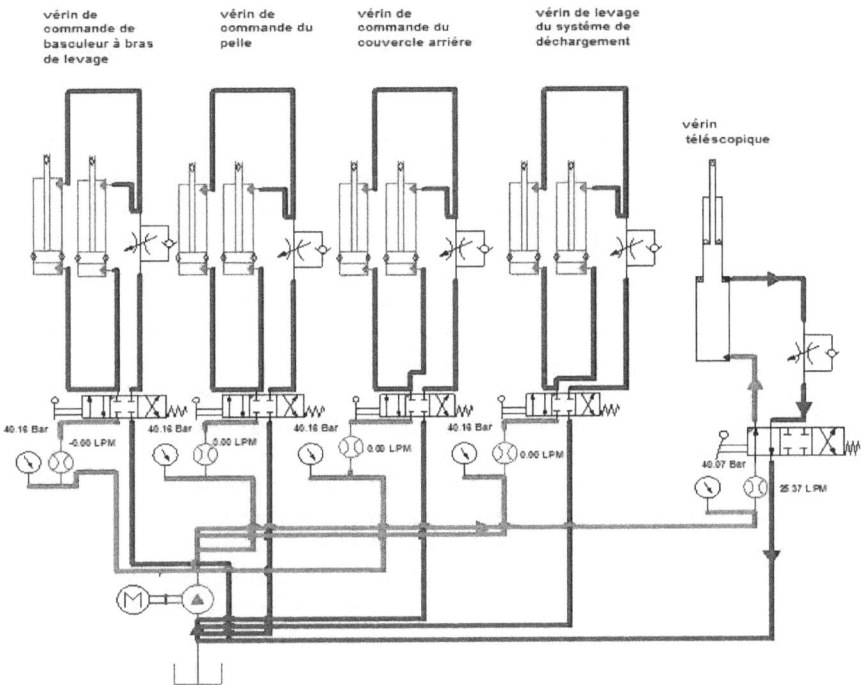

Figure 50 : *Schéma de vérin de commande de bouclier sur Automation Studio*

VII. Elaboration du circuit hydraulique du mécanisme

La figure ci-dessous présente le circuit hydraulique de la benne tasseuse. En effet, le mode opératoire est le même pour chaque couple de vérins a la même fonction: La sortie simultanée des deux vérins composant le couple ainsi que l'obligation de sécuriser la sortie et l'entrée suivant le besoin.

- 71 -

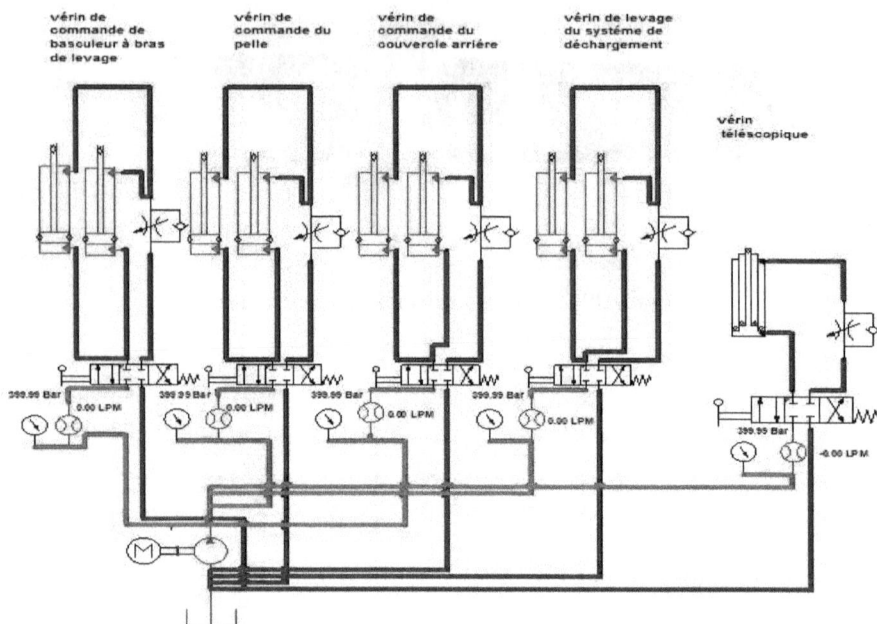

Figure 51 : *Schéma hydraulique du mécanisme*

1. Le réservoir

Le réservoir sert principalement:

✓ Au stockage de la quantité d'huile nécessaire au fonctionnement correct du système

✓ A protéger l'huile contre les éléments extérieurs nuisibles

✓ Au refroidissement de l'huile qui revient du système

✓ Au support des autres composants du groupe hydraulique tels que le moteur qui entraîne la pompe, le filtre...

Le réservoir hydraulique est d'une capacité comprise entre 80 litres et 110 litres, équipé d'une filtration de 180 L/min de 125 μ et un filtre de retour possèdent une infiltration de 180 L/min de 25 μ, un indicateur de température et de niveau, un évent d'aération et un bouchon de remplissage. [14]

2. Les canalisations et les raccords

Elles doivent résister à la pression et aux agressions intérieures et extérieures. Elles ne doivent pas engendrer de grandes pertes de charge. Leur dimensionnement est normalisé. Il existe deux types de canalisations :

• Canalisation rigide : Il s'agit le plus souvent de tube sans soudure (étirage à froid) évitant ainsi, lors du cintrage, de faire apparaître des particules.

• Canalisation souple : Il s'agit d'élastomère renforcé de fibres métalliques soit en nappes soit en tresses, sur plusieurs couches.

On utilise une tuyauterie de norme DIN 2391.

3. Les pompes hydrauliques

Les pompes sont des appareils qui convertissent l'énergie mécanique en énergie hydraulique. Elle aspire le fluide du réservoir approprié par le côté aspiration, et elle le refoule par son coté refoulement.

La pompe hydraulique développe jusqu'à un débit de 60 litres/min.

4. Le limiteur de débit avec clapet anti retour

Pour contrôler la vitesse de sortie du vérin il suffit de contrôler son débit. Le débit d'un vérin est donné par la relation Q=V S, V étant la vitesse du piston et S sa surface. Pour éviter les à coups lors de la sortie du vérin on ne règle pas directement le débit entrant mais plutôt le débit sortant ou débit d'échappement. Le régulateur utilisé ici est unidirectionnel réglable : dans un sens le fluide passe par le clapet, pas de régulation, dans l'autre sens il est obligé de passer par l'étranglement réglable.

5. système de commande

La commande de système est complètement hydraulique matérialisée par un distributeur à 3 éléments indépendants, situé à la droite du couvercle arrière.

Le déchargement se fera par bouclier éjecteur actionné par vérin télescopique à double effet après ouverture du couvercle arrière.

6. Les vérins hydrauliques

Le vérin est l'élément moteur des systèmes hydrauliques, car nous pouvons dire que c'est la fin du parcours du circuit hydraulique. Le vérin a pour rôle de transformer l'énergie hydraulique reçue en énergie mécanique.

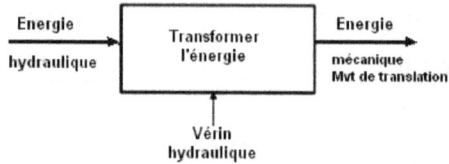

Figure 52 : *Rôle du vérin*

7. Les moteurs hydrauliques

Dans ce type d'actionneur, l'énergie hydraulique fournie par un fluide sous pression est transformée en énergie mécanique de rotation sur l'arbre de sortie. Les moteurs hydrauliques présentent deux caractéristiques : le couple moteur et la vitesse de rotation.

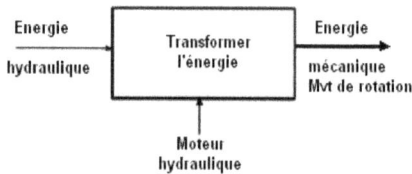

Figure 53 : *Rôle du moteur hydraulique*

8. Pattes de fixation des vérins

8.1 Choix

Les pièces de fixation des vérins hydrauliques sont choisies selon les caractéristiques et les dimensions des vérins et aussi pour assurer le bon mouvement des mécanismes.

8.2 Fixation

En général on utilise le soudage par MIG pour La fixation des pattes des vérins. Le procédé MIG utilise un gaz neutre qui ne réagit pas avec le métal fondu (argon ou argon + hélium) et il a les caractéristiques suivants : [15]

- ✓ soudage de différents matériaux : aciers C-Mn, aciers inoxydables, alliages d'aluminium, alliages de titane...
- ✓ soudage en position : Toutes positions, en angle: à plat, corniche, plafond et en bout a bout:
- ✓ utilisations de fils fourrés de 0,6 à 2,4 mm de diamètre.
- ✓ soudage manuel semi-automatique.
- ✓ automatisation sur poutre, robotisation plus ou moins poussée : du robot standard, à la robotique « intelligente » : suivi de joint auto adaptatif.

VIII. Conclusion

Dans ce chapitre, on s'est intéresse sur le dimensionnement des différents vérins du mécanisme. On s'est basé sur le calcul de la trajectoire de la force en fonction de la longueur de la tige de vérin. Dans un deuxième lieu, on a présente une vue globale du circuit hydraulique ainsi qu'une description brève des différents composants du système.

Conclusion Générale

Le travail développé dans le cadre de notre projet de fin d'étude était de concevoir et de dimensionner un mécanisme de chargement et de compactage de déchets et d'ordures ménagères.

Afin d'atteindre cet objectif, nous avons effectué une démarche organisée passant en premier lieu par une étude bibliographique sur les différents types des bennes tasseuses existants dans le marché.

Dans un deuxième lieu, on s'est concentré à établir une analyse fonctionnelle et choisir la solution la plus intéressante et la met dans son environnement de travail, puis la concevoir avec un bon choix des dimensions et des matériaux.

Enfin on a réalisé un dimensionnement de circuit hydraulique et le choix des vérins hydrauliques double effets et télescopique et ses courses selon des critères spécifiques.

A la fin de ce projet nous pouvons conclure que le projet de fin d'étude est très important pour atteindre la meilleure formation des ingénieurs puisque il nous a donné l'occasion de toucher des problèmes réels et de pouvoir démêler ces problèmes.

Bibliographie & Netographie

[1] Guide du dessinateur industriel (Chevalier)_ *Edition* 2003-2004

[2] Livre Construction mécanique industrielle

[3] www.unites.uqam.ca/pistes/v6n1/pdf/v6n1a8.pdf

[4] www.rosroca.com/fr/taxonomy_menu/1/186/187

[5] http://www.faun.com/en/home/waste-collection-vehicles

[6] lyceedupaysdesoule.fr/microtec/construction/ch1_modelisation.pdf

[7] www.mecomar.ma/BENNE%20TASSEUSE%2013m.htm

[8] www.elaiz.com/produits/Ben%20Tassaeuse%20HINO%2013M3.pdf

[9] www.steelbizfrance.com/file/dwndt.ashx?idfile=21

[10] www.volvis.fr/pdf/DocTechnique.PDF

[11] peinture.comprendrechoisir.com/comprendre/peinture-epoxy

[12] fr.wikipedia.org/wiki/Théorème_d'Al-Kashi

[13] www.chapel-hydraulique.com/

[14] thierryboulay.free.fr/enseignements/hydraulique

[15] fr.wikipedia.org/wiki/Soudage_MIG-MAG

[16] http://www.pdf-archive.com/2011/10/02/etude-est-conception/

[17] www.faynot.com/catalogue/pdf/galvach.pdf